横田空域

日米合同委員会でつくられた空の壁

吉田敏浩

角川新書

はじめに

「横田《よこた》空域」は東京、神奈川、埼玉、群馬、栃木、福島、新潟、長野、山梨、静岡の一都九県に及ぶ広大な地域の上空を覆っている。高度約二四五〇メートルから約七〇〇〇メートルまで六段階に設定され、日本列島の中央をさえぎる巨大な「空の壁」となっている。

横田基地の米軍が、空域の航空管制を握っているため、羽田《はねだ》空港や成田《なりた》空港に出入りする民間機は、米軍の許可がなければ空域内を通過できない。そのため定期便ルートを設定できず、迂回《うかい》を強いられている。日本の空の主権が米軍によって侵害されているのだ。世界的にも異例な、独立国としてあるまじき状態が長年続いている。

米軍は「横田空域」を低空飛行訓練、対地攻撃訓練、パラシュート降下訓練などのためにフルに利用している。まさに軍事空域であり、いわば「空の米軍基地」なのである。二〇一八年一〇月に東京西部の横田基地に配備された米空軍のオスプレイも、「横田空域」で特殊作戦部隊の潜入作戦に備えた低空での夜間飛行訓練などを重ねている。オスプレイは事故率が高く、「欠陥機」とも呼ばれている。そんな米軍機が何の制約も受けずに首都圏の空を飛び回っている。

この「横田空域」には、実は国内法上の法的根拠は何もない。日本における米軍の権利など法的地位を定めた日米地位協定にも、何ら明文の規定もない。ただ日米合同委員会という、地位協定の運用に関する在日米軍高官と日本の高級官僚による密室の協議機関の合意にもとづくだけなのである。それは「横田空域」の航空管制を米軍に事実上委任するという密約である。

日米合同委員会の合意文書や議事録は原則として非公開だ。どのような合意がいくつあるのか、全貌《ぜんぼう》は闇に隠されている。憲法で国権の最高機関と定める国会にさえも公開されず、密室での合意は国会の承認を得る必要はないとされている。加えて、その合意は日米両政府を拘束する巨大な効力を持つとされる。米軍側にきわめて有利な地位協定が土台にあるため、合意は基本的には米軍の特権を認める内容となる。

亡くなった翁《お》長雄志《ながたけし》元沖縄県知事が生前、鋭く指摘していたように、「日本国憲法の上に日米地位協定があり、国会の上に日米合同委員会がある」というのが、まさに日米関係の実態なのである。「横田空域」と日米合同委員会。それは米軍優位の不平等な日米安保・地位協定の象徴でもある。

その結果、米軍は何ら規制も受けず、フリーハンドの基地使用と軍事活動の特権を手にしている。日本の空を戦争のスキルアップのために勝手放題に利用している。

二〇一八年一二月七日、米軍普天間《ふてんま》基地のある沖縄県宜野湾《ぎのわん》市から上京した、緑ヶ丘《みどりがおか》保育園の園長と園児の保護者らが、外務省や防衛省などに対し、米軍機の同園上空の飛行禁止を求める要請をおこなった。

二〇一七年一二月七日に、普天間基地所属の米軍ヘリコプターの部品が、緑ヶ丘保育園の屋根に落下した事故からまる一年。しかし、米軍はいまだにその事実を認めていない。日本政府も米軍の主張をうのみにして、米軍機からの落下物だと特定されないとの立場をくずさない。事故の原因究明にとりかかろうとする姿勢も見られない。米軍機は相変わらず同園の上空を飛び交っている。

保育園に通う子どもたちの安全が、いのちが脅かされている。そう不安をつのらせた園児の母親たちは、事故原因の究明と米軍機の保育園上空の飛行禁止などを求める署名を、およそ一四万人分集めたうえで、政府に直接訴えようと上京したのである。

母親たちは、米軍機が沖縄だけでなく日本中の空を飛び回っている現実を指摘し、部品落下の事故を「他人事と見ずに、自分たちの子ども、日本中の子どものこととして考えてほしい」と訴えた（『しんぶん赤旗』二〇一八年一二月八日）。

このような米軍機のところかまわぬ飛行による事故の危険、騒音被害の問題は、確かに沖縄だけでなく、実は日本全体の問題なのである。北は北海道から、南は沖縄まで、日本の各地に米軍はいくつもの低空飛行訓練ルートを勝手に設定し、ダムや発電所や橋などを仮の標的に見立て、ジェット戦闘機などが急降下・急上昇を伴う対地攻撃訓練（射爆撃はおこなわない）を繰り返している。広島県と島根県にまたがる自衛隊の訓練空域が、事実上、米軍の専用空域と化して、同じような危険と騒音をもたらす飛行訓練が連日おこなわれている。前述のように、首都圏の空を覆う「横田空域」でも、オスプレイをはじめ米軍機が激しい訓練飛行を続けている。

しかし、このままでいいはずはない。「横田空域」のような外国軍隊が管理する空域の存在を認めず、米軍機の飛行訓練にも制限を加えているドイツやイタリアのように、米軍に対し必要な規制をかけることで、住民の安全を守り、騒音被害なども軽減・防止できるように改めなければならない。米軍の活動によって引き起こされる人権侵害を防ぐためには、外国軍隊に対し自国の主権を確立させる必要がある。それは独立国として当然の姿であろう。

そのためには、不平等の解消に向けた日米地位協定の抜本的改定、日米合同委員会の全面的な情報公開と密室協議システムの廃止、米軍に特権を認める密約の廃棄などの取り組みが必要である。むろん「横田空域」の全面返還も欠かせない。

私は二〇〇八年から、日米地位協定と日米合同委員会の密約の問題について資料調査と取材を続けてきた。日米合同委員会の密室協議システムは、米軍優位の不平等な地位協定の構造を裏側から支える仕組みである。

憲法体系を侵食するこの秘密の協議システムと数々の密約については、拙著『「日米合同委員会」の研究』(創元社　二〇一六年)で、できるかぎりその正体に迫り、明らかにしてみた。

本書はその延長線上で、米軍優位の不平等な地位協定の象徴ともいえる「横田空域」を中心に、日本の空が米軍の戦争のための訓練エリア、出撃拠点として利用されている問題を、日米地位協定と日米合同委員会との関連をたどりながら、探究してみたものだ。

二〇一八年七月には全国知事会が初めて、地位協定の抜本的見直しを求める提言を発表し、日本政府に要請するという、画期的な動きも見られた。米軍に対し歯止めをかけられない現状が引き起こす問題を、他人事と見なさず、自分たちの問題として、沖縄だけでなく日本全体の問題として捉《とら》える意識の輪がひろがってほしい。

横田空域　日米合同委員会でつくられた空の壁　目次

第二章　「横田空域」を米軍が手放さない理由

第五章

（編集注）
・引用文中の〔　〕内は著者が補った語。
・国会質問と国会答弁の引用文は、原則として語尾などの「ですます調」を「である調」に換えた。
・国会質問をした議員と国会答弁をした大臣、官僚などの職務・役職の名称は、特に断りがない限り、その当時のものである。
・断りのない写真は著者撮影。

図版作成　フロマージュ

第一章　首都圏の空を覆う「横田空域」

東京の真ん中にある米軍ヘリ基地

六本木《ろっぽんぎ》ヒルズや東京ミッドタウン、国立新美術館などが立ち並ぶ都心、六本木・青山《あおやま》・麻布《あざぶ》の空に、ヘリコプターの爆音が近づき、やがて高層ビルの壁面に反響して、空気を圧し、震わせる。みるみる高度を下げる灰色の機体。青丸の下地に白星のマークとU.S. AIR FORCEの文字が見える。横田基地の米空軍UH1多用途ヘリだ。回転翼の黒い影が頭上をかすめるように迫り、ヘリは都立青山公園に接する米軍基地「赤坂《あかさか》プレス・センター」(六本木七丁目)のヘリポートに着陸した。UH1は輸送・捜索・救難など各種の任務に対応できる。

ここは麻布米軍ヘリ基地とも、六本木ヘリポート基地とも呼ばれ、米軍の準機関紙「スターズ・アンド・ストライプス」(星条旗新聞)の極東支社、将校用宿舎、ヘリポート、ガレージなどがある(図1)。プレス・センターの名称は星条旗新聞の支社があることから来ている。軍事科学技術の情報収集や研究者への資金提供などをおこなう、陸・海・空軍の研究開発機関の事務所もある。さらに、陸軍の軍事情報部隊(スパイ組織)の分遣隊も置かれているといわれる。

フェンスに囲まれ、ゲートには銃を持った日本人警備員が立っている。面積は約二万七〇

図1　米軍・六本木ヘリポート基地と周辺の略図（『「日米合同委員会」の研究』吉田敏浩著　創元社より）

○○平方メートル。東京ドームのグラウンドの二倍強の広さである。そのほぼ半分がヘリポートになっている。日本占領直後の一九四五年九月に米軍が旧日本陸軍の駐屯地を接収して基地にしたものだ。

　ヘリポートには、軍用ヘリがほぼ毎日、東京都西部にある横田、神奈川県にある座間《ざま》・横須賀《よこすか》・厚木《あつぎ》など、首都圏の米軍基地から一日に数回、飛来している。横田には在日米軍司令部と在日米空軍司令部、座間には在日米陸軍司令部、横須賀には在日米海軍司令部がある（図2）。米軍機は日本の空を連日、自由に飛び交っているのだ。

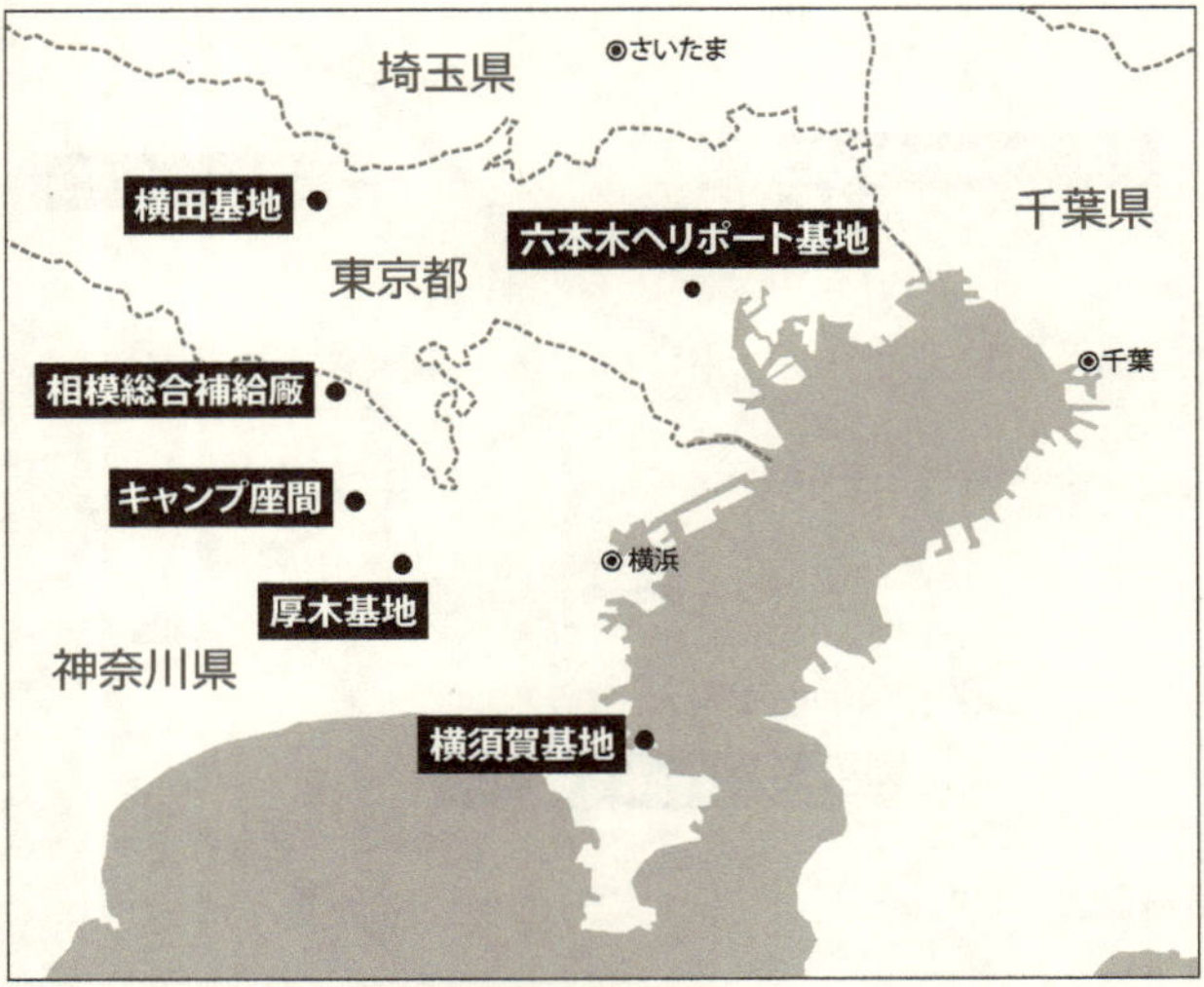

図2　首都圏の主要な米軍基地の略図

ヘリの主要な任務はそれらの基地の司令部高官や将校クラスの軍人の送り迎えである。また、トランプ大統領やペンス副大統領のように横田基地に降り立ったアメリカ政府要人が、都心で日本政府高官と会談する際の送迎をすることもある。さらにアメリカ大使館員を乗せたりもする。

ヘリポートと各基地の間の直線距離は、横田およそ三五キロ、座間およそ三五キロ、横須賀およそ四五キロ、厚木およそ三五キロで、ヘリの飛行時間は一五分から二〇分ほどといわれる。もちろん車で行き来するよりもはるかに早い。道路状況などに左右されず、短時間で能率的な移動ができる。

写真1　六本木ヘリポート基地に着陸する米軍ヘリ

　ここからは港《みなと》区南麻布の米軍宿泊施設ニューサンノー米軍センター（ニュー山王ホテル）や港区赤坂のアメリカ大使館、千代田《ちよだ》区霞《かすみ》が関《せき》の外務省も近い。各基地からヘリに乗ってくる司令部高官や将校らが、そうした場所で日本政府の高級官僚らと密室での協議をする際の、便利な中継拠点となっている。かれらはヘリポートから専用車に乗り換えて協議の場所へと向かう。ニューサンノー米軍センターやアメリカ大使館までは直線距離で二キロたらず。車で五分から一〇分の近さだ。

　それにしても、一国の首都の中心部に、フェンスで囲まれ、武装した警備員がいて、外国の軍高官や将校、政府要人に加えて、情報部隊の諜報員までが出入りする外国軍基地が存在していること自体が尋常ではない。

しかもその基地は日本政府による規制が及ばない、事実上の治外法権ゾーンになっている。日米安保条約の付属協定で日本における米軍の法的地位を定めた日米地位協定が、米軍基地の「排他的管理権」を認めているからだ。米軍は基地の「設定、運営、警護及び管理のため必要なすべての措置」(地位協定第三条)をとれる特権を手にしている。

要するに、米軍は何の制約もなしに基地を自由勝手に使用して、必要な軍事活動ができるということだ。日本の警察など政府機関や自治体の職員も、米軍側の同意がなければ基地に立ち入れない。

ヘリの騒音や墜落の不安

それにしても、オフィスビル、マンション、住宅、商業施設、文化施設などが密集する市街地の上を、軍用ヘリが爆音を轟《とどろ》かせながら低空飛行し、基地に離着陸を繰り返す光景は異様でもある。

私は二〇一八年の春、たびたび青山公園から基地の鉄柵《てっさく》ごしにヘリポートを撮影した。米軍ヘリの飛来状況を確認するためである。そのとき、犬の散歩で公園によく来るという中年の男性と言葉を交わした。この近くに住んでいるという。

「米軍ヘリは毎日のように飛んできますよ。早朝も飛ぶし、時には夜一〇時頃だったりもし

2017年	10月11日	沖縄県東村高江の牧草地にCH53輸送ヘリが不時着し炎上
	12月7日	沖縄県宜野湾市の緑ヶ丘保育園の屋根にCH53輸送ヘリの部品が落下（米軍側は認めていない）
	12月13日	沖縄県宜野湾市の普天間第二小学校の校庭にCH53輸送ヘリの窓枠（重さ約8キロ）が落下
2018年	1月6日	沖縄県うるま市の伊計島の海岸にUH1多用途ヘリが不時着
	1月8日	沖縄県読谷村の廃棄物処分場にAH1攻撃ヘリが不時着
	1月23日	沖縄県渡名喜村の渡名喜島の村営ヘリポートにAH1攻撃ヘリが不時着
	2月9日	沖縄県うるま市の伊計島の海岸に垂直離着陸輸送機MV22オスプレイから落下したエンジン吸気口（重さ約13キロ）が漂着しているのを発見
	2月20日	青森県三沢基地所属のF16戦闘機が燃料タンク（重さは空の状態で約215キロ）を小川原湖に投棄
	2月27日	沖縄県の嘉手納基地所属のF15戦闘機が重さ約1.4キロのアンテナ状の部品を落下。落下場所は不明

表1　2017年10月～2018年2月の日本における主な米軍機の事故（新聞記事データベースなどをもとに著者作成）

ます。音がうるさいし、振動もあります。離着陸時に公園の木の葉が吹き飛ぶほど風圧が激しかったりもします。ヘリポートでエンジンを切らずに長々とアイドリングすることもあり、その音も響いてうるさいです。しかも普通のヘリではなくて軍用ヘリじゃないですか。沖縄などで起きているような墜落や部品落下の危険もあるので不安ですよ。こんな都心の市街地で墜落事故など起きたらどうするんでしょう。しかし、東京の真ん中にこうした米軍基地があることを知らない人も多いんでしょうね」

この男性が不安をもらすのも無理はない。表1のとおり、ここ半年たらずの間だけでも米軍機の事故が繰り返されている。

これらよりも前、二〇一六年一二月一三日には、沖縄県名護《なご》市安部《あぶ》の海岸にMV22オスプレイが墜落して大破している。

ほとんどが沖縄で起きているため、沖縄県以外では一部の基地周辺の住民などを除いて、米軍機事故の危険性を身近に感じる人は多くはないだろう。しかし、後述するように、米軍は北は北海道から南は沖縄まで、全国的に訓練ルートや訓練空域を設定し、危険な低空飛行などを繰り返している。決して沖縄だけの問題ではない。ふだんは意識しなくても、米軍機事故の危険性はそこかしこにあるのが現実だ。

都心のわずか一五〇メートル上を飛行

実際、この六本木のヘリポート基地に飛来する米軍ヘリも、危険な低空飛行をおこなっている。

「米軍ヘリは横田や座間の基地とこのヘリポートの間を行き来するとき、南青山保育園や青《せい》南《なん》幼稚園、青南小学校などもある南青山地区の市街地上空を、約一五〇メートルという驚くべき低高度で飛んでいます。日本の航空法では、最低安全高度は、人口密集地では航空機から水平距離六〇〇メートル内で最も高い障害物（建築物）の上から三〇〇メートルと定められています。それをはるかに下回る低さなんです」

そう指摘するのは、市民団体「麻布米軍ヘリ基地撤去実行委員会」の事務局長、板倉博《いたくらひろし》さんだ。同委員会は港区内の労働組合や平和運動団体を中心に一九六七年に結成され、ヘリポート基地の撤去・返還を求めて活動している。

板倉さんは二〇一五年七月三一日の午前八時～午後五時、南青山三丁目のビル屋上から、米軍ヘリの飛行経路をビデオと写真で記録しながら調査した。そのとき、キャンプ座間からほぼ同時に飛来した二機の米陸軍UH60多用途ヘリ（通称ブラックホーク）を連続で撮影した。その連続写真を合成した画像をもとに、撮影地点と飛行経路下の複数の建物の間の距離も測ったうえで、ヘリの飛行高度を算出したのである（図3）。

「市街地の上をこんな危険な超低空で飛行するのは、米軍だけでしょう。それは、日米地位協定の実施に伴う航空法特例法（89ページで詳述）で、航空法の最低安全高度の規定を米軍に対しては適用除外にしているからです。米軍を特別扱いして、日本の国内法を守らなくてもいいという特権を認めているのです。安全よりも軍事優先の特例法です。この都心で仮に米軍ヘリが墜落したら大惨事になることはまちがいありません。これまで、横田基地のUH

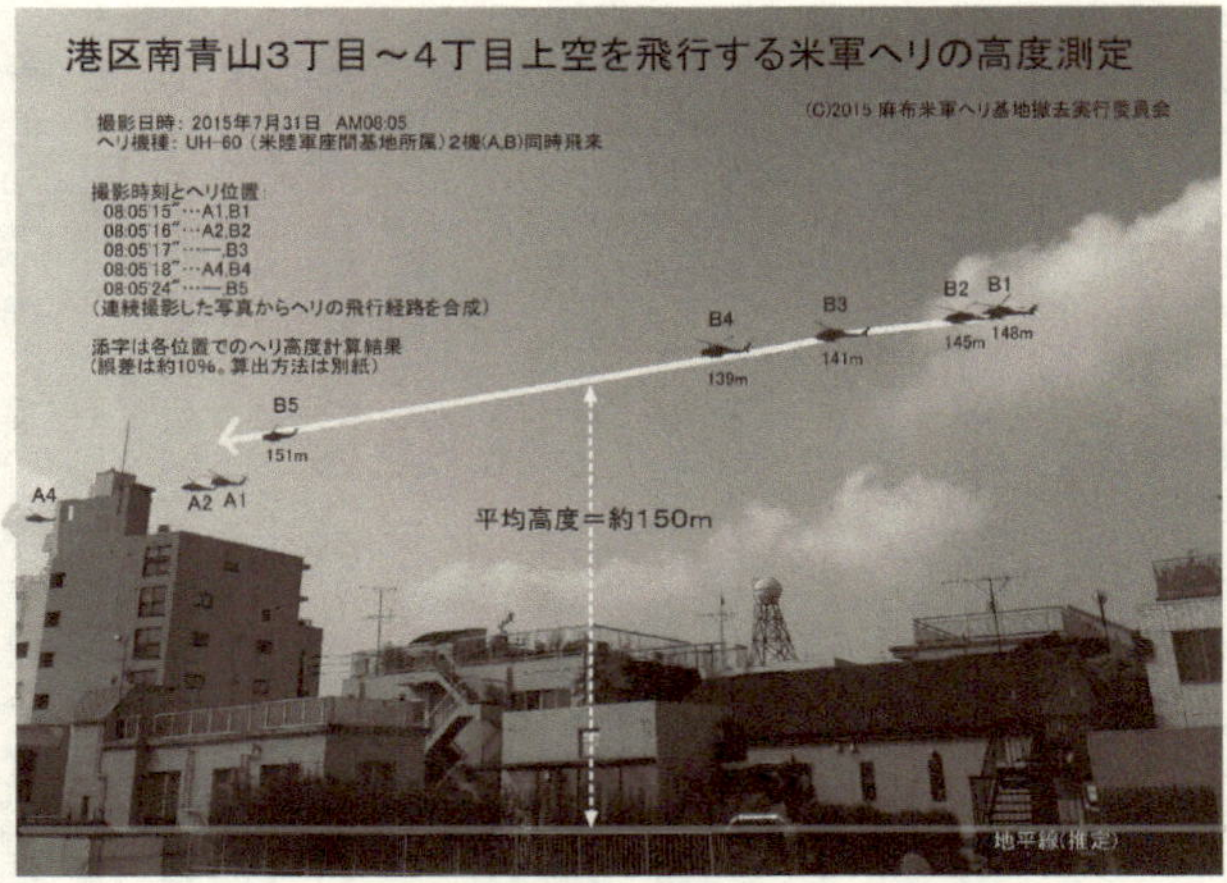

図3　ヘリの飛行高度（麻布米軍ヘリ基地撤去実行委員会提供）

1多用途ヘリが杉並《すぎなみ》区の中学校の校庭に不時着するなど、ヘリポートに飛来する米軍ヘリの事故が何度も起きています」

この杉並区の中学校への不時着は、一九九三年一月八日に起きたものだ。

『朝日新聞』（一九九三年一月八日夕刊・二月二八日朝刊）などによると、冬休み明けのその日正午前、横田基地を飛び立った米軍の大型ヘリが杉並区内を低空飛行し、大きいエンジン音を立てながら旋回して、阿《あ》佐《さ》谷北《がやきた》五丁目の杉森《すぎのもり》中学校の校庭に不時着。回転翼が巻き起こす強風で校庭の砂が舞い上がり、近くの民家の庭のサザンカの花が飛び散った。その日は始業式で授業はなく、学校に生徒は二〇人ほど残っていたが、校庭には幸い誰もいなかった。ヘリの乗組員は「飛行中に故障ランプがついたので、点検のため着陸した」と説明した。校庭のすぐ南側に住む主婦は、「音を聞いたときはドキッとした。怖かった」と、記者の取材に答えている。たまたま授業のない日で、無人の校庭だったからよかったものの、そうでなければ怪我人なども出ていたかもしれない。

一九八三年五月二四日の午後八時四五分頃に、厚木基地のヘリが横田基地に向かう途中、埼玉県飯能《はんのう》市の市立飯能第一中学校の校庭に不時着したときは、近所の住民約四〇人が夜間照明をつけてソフトボールの試合をしていた。

『毎日新聞』（一九八三年五月二五日朝刊）などによると、試合中の住民たちが米軍ヘリの轟《ごう》音《おん》に気づいて見上げたとき、ヘリはすでに着陸態勢に入っていた。住民たちは「逃げろ」と叫びながら避難し、幸い被害は出なかった。しかし、中学校の体育館でバレーボールをしていた女性は記者に、「土ぼこりが竜巻のように舞い上がった。ソフトボールをしていた人が一斉に逃げる姿が見え、何が起きたのかわからず怖かった」と語っている。

二〇〇五年七月三〇日に、厚木基地の米軍ヘリが神奈川県藤沢《ふじさわ》市の片瀬《かたせ》西浜海水浴場付近に不時着した場所は、大勢の海水浴客でにぎわう浜辺からわずか一〇〇メートルたらずの近さで、一歩まちがえば大惨事になりかねなかった（『朝日新聞』二〇〇五年七月三一日朝刊）。

二〇一三年一二月一六日に、神奈川県三浦《みうら》市の三崎《みさき》港近くの埋立地に厚木基地の米軍ヘリ

1982年	2月25日	米軍ヘリ（所属基地と機種は不明）が神奈川県相模原市の米軍キャンプ淵野辺跡地に不時着
1983年	5月24日	厚木基地のH2型ヘリが横田基地に向かう途中、埼玉県飯能市の飯能第一中学校の校庭に不時着
1984年	8月28日	米軍ヘリ（所属基地と機種は不明）が神奈川県川崎市多摩区に不時着。乗員2人が負傷、家屋が損壊
	10月17日	横田基地のUH1多用途ヘリが神奈川県藤沢市の住宅地の仮設道路に墜落。ガソリンスタンドからわずか20メートルの近さだった。乗員2人が負傷し、付近の住宅一軒の窓ガラスが割れた
	11月29日	厚木基地を離陸したCH46輸送ヘリが神奈川県横浜市旭区の県立横浜高等職業訓練校の校庭に不時着
	12月2日	米軍ヘリ（所属基地と機種は不明）が川崎市多摩区に不時着
1985年	8月7日	横田基地から横須賀基地に向かうUHI多用途ヘリが東京都世田谷区の多摩川河川敷のグラウンドに不時着
1988年	11月22日	横須賀基地を母港とし、厚木基地を拠点に訓練飛行する空母艦載機のSH3対潜ヘリが、神奈川県秦野市の日立製作所工場グラウンドに不時着
	12月11日	同じく空母艦載機のSH3対潜ヘリが神奈川県伊勢原市の畑に不時着
1989年	9月7日	キャンプ座間のUH1多用途ヘリが神奈川県大和市の畑に不時着
1993年	1月8日	横田基地のUH1多用途ヘリが六本木のヘリポート基地に向かう途中、東京都杉並区阿佐谷北の杉森中学校の校庭に不時着
	10月28日	横田基地のUH1多用途ヘリが神奈川県座間市の座間中学校の校庭に不時着
1994年	1月4日	キャンプ座間のUH1多用途ヘリが神奈川県平塚市の相模川河川敷の広場に不時着
1995年	4月10日	キャンプ座間のUH1多用途ヘリが神奈川県鎌倉市の由比ヶ浜海岸に不時着
1998年	1月6日	厚木基地のSH60対潜ヘリが東京都江東区のゴルフ場の駐車場に不時着
	6月18日	UH1多用途ヘリ（所属基地は不明）が神奈川県厚木市の中津川河川敷に不時着
	9月28日	UH1多用途ヘリ（所属基地は不明）が神奈川県平塚市に不時着

2003年	5月21日	キャンプ座間のUH60多用途ヘリが神奈川県秦野市の上智短大付近の造成地に不時着
2004年	7月19日	キャンプ座間のUH60多用途ヘリが横浜市泉区上空で銃弾200発を落下
	8月19日	横田基地のUH1多用途ヘリが横浜市中区のみなとみらい地区のヘリポートに不時着
	11月2日	横田基地のUH1多用途ヘリが静岡県沼津市の野球場に緊急着陸
	11月23日	横田基地のUH1多用途ヘリが六本木のヘリポート基地に向かう途中、東京都の調布飛行場に緊急着陸
2005年	2月1日	キャンプ座間のUH60多用途ヘリが神奈川県伊勢原市の学校グラウンドに不時着
	5月7日	横田基地のUH1多用途ヘリが山梨県南都留郡鳴沢村のスキー場駐車場に不時着
	5月23日	横須賀基地のSH60対潜ヘリが神奈川県小田原市上空で部品を落下
	7月30日	厚木基地のUH3多用途ヘリが神奈川県藤沢市片瀬西浜海水浴場付近に不時着
2007年	6月13日	横田基地のUH1多用途ヘリが横浜市金沢区の「海の公園」の芝生広場に不時着
	12月19日	横田基地のUH1多用途ヘリが埼玉県新座市の自衛隊朝霞駐屯地に緊急着陸
2008年	6月11日	横田基地のUH1多用途ヘリが相模原市の相模川の中州に不時着
	7月10日	横田基地のUH1多用途ヘリが東京都昭島市上空で水入りペットボトルを落下
2010年	9月13日	横田基地のUH1多用途ヘリが六本木のヘリポート基地に向かう途中、調布飛行場に緊急着陸
2011年	2月3日	厚木基地を拠点とする空母艦載機のSH60対潜ヘリが神奈川県寒川町の畑に部品を落下
	2月9日	厚木基地を拠点とする空母艦載機のSH60対潜ヘリが平塚市の河川敷のサッカー練習場に不時着
2013年	12月16日	厚木基地所属の空母艦載機MH60救難・哨戒ヘリが神奈川県三浦市三崎港の駐車場に不時着に失敗して横転し大破。乗員二人が負傷
2016年	2月29日	横田基地のUH1多用途ヘリが六本木のヘリポート基地に向かう途中、調布飛行場に緊急着陸

表2　1980年代以降の首都圏とその周辺地域での主な米軍ヘリ関連事故（新聞記事データベースなどをもとに著者作成）

が不時着に失敗して横転、大破した事故の現場は、住宅街から約三〇〇メートル。現場に居合わせた男性は、「怖かった。黒煙と砂ぼこりで落ちたところは見えなかった。でも、次に見た瞬間にはヘリの後ろの方から火が出ていた」と話した（『朝日新聞』二〇一三年一二月一七日朝刊）。

通常であれば安全な場所も、一瞬で危険な場所に変わる。それが航空機事故の怖さだ。米軍機が飛び交う空の下は、意識するとしないとにかかわらず、常に潜在的危険にさらされている。

これらの事故もふくめて、表2にあるように、首都圏とその周辺地域で米軍ヘリが不時着などを繰り返している。

ヘリ基地の返還を求める港区

このような実態を受けて、地元の港区は一九六七年から何度も、区議会での全会一致のヘリポート基地撤去決議にもとづき、防衛省など政府関係機関、東京都、アメリカ政府に対し基地の撤去・返還を要請しつづけている。

たとえば直近の二〇一八年二月八日、港区長と港区議会議長の連名で防衛大臣にあてた「米軍ヘリポート基地に関する要請書」では、「港区民とりわけ近隣住民は、ヘリポート基地の使用による騒音に悩まされ、事故発生の不安を常に抱えています」という書き出しで、米軍ヘリの騒音問題や事故の危険を訴えながら、次のように基地の早期撤去を強く求めている。

「昨年8月15日のハワイ・オアフ島カエナ岬沖での米軍ヘリコプターの墜落死亡事故は、事故機と同型のヘリコプターが飛来している港区の区民に大きな衝撃を与えました。10月11日には、沖縄県東村《ひがしそん》で米軍ヘリコプターが飛行中に出火し、民間地に緊急着陸後、炎上する事故が発生しました。さらに、米軍ヘリコプターからの窓枠等の落下、度重なる不時着といったトラブルも繰り返されています。

こうした状況は、米軍基地が存在する港区においても、いつ何時同様の事故が発生するかもしれないという不安を区民に与えています。

また、基地に関連する騒音については、平成27年3月に基地周辺の子ども関連施設への影響を把握するために聴き取り調査を行ったところ、一部に授業等に差し障ることがあるということがわかりました。

引き続き、港区と港区議会は、区民の安全で安心な生活を守るため、ヘリポート基地の早期撤去を目指します。防衛省におかれましては、米国に対し、米軍関連事故の再発防止を求めるとともに、国の責任において区で把握した実態も踏まえ継続的に騒音等の実態調査を実施し、早朝、夜間の飛行をはじめとする騒音等の被害を軽減するとともに、改めて基地撤去へのご尽力をいただきたく、要請いたします」

こうした港区からの要請に対して防衛省は、「在日米軍にとって都心で唯一、ヘリコプターによる迅速な要人等の輸送が可能な施設であり、現時点において返還は困難であることをご理解願いたい。運用にあたっては周辺住民への影響が最小限になるよう、米側に対し今後とも働きかけを続けるなど適切に対応していく」とコメントしている（『朝日新聞』二〇一八年二月九日朝刊）。港区の長年にわたる基地撤去の願いに本気で向き合う姿勢は感じられない。

東京都も港区からの度重なる要請を受けて、「都心にある米軍専用ヘリポートを有する赤坂プレスセンターについても、直ちに返還されるよう国に強く働きかけています」と、繰り返し表明はしているが、日本政府が返還に向けて真剣に取り組むといった動きは皆無である。

ヘリポート基地は騒音被害や墜落の危険性をもたらしているだけでなく、都心の一等地を占有し、暮らしやすい街づくり・都市計画を阻害してもいる。たとえばヘリポート基地の近くに長年住み、自営業をいとなむ石井正《いしいただし》さんは、

「基地が返還されれば、運動場やプールのあるスポーツ施設でも、ホールなどの文化施設でも、住民や来訪者が利用できる有意義な施設がつくれます。都民をはじめ国民のために有効

活用できるはずの一等地を、米軍が延々と独り占めにしているのはおかしいですよ」
と訴える。

日米合同委員会とは

アメリカ側がヘリポート基地の撤去・返還に応じる気配はまったくない。防衛省のコメントにもあるように、米軍にとって横田基地などから都心への「ヘリコプターによる迅速な要人等の輸送が可能な施設」という大きなメリットがあるからだ。

二〇一七年一一月、トランプ大統領が直接、大統領専用機を横田基地に乗りつけた。歴代のアメリカ大統領の訪日としては初めてだったが、以前から副大統領や国防長官、大統領補佐官、大統領特使、米軍統合参謀本部議長などの要人が直接、横田基地に専用機で到着し、米軍ヘリで六本木のヘリポート基地に飛んでくるのは慣例化している。

また、そのような要人などの迅速な輸送だけではなく、そもそも首都東京の中心部、しかも首相官邸や国会議事堂のある永田町《ながたちょう》、政府官庁が集まる霞が関という国家中枢部の間近に基地を堂々と構えていること自体が、日本におけるアメリカの特権的なプレゼンス、強い影響力を誇示できるという象徴的な効果もある。

アメリカの対日影響力の誇示といえば、トランプ大統領が日本を訪問するのに、それまでの大統領が外交儀礼にそって公共施設である羽田空港から入国していたのに対し、軍事施設である横田基地に降り立ったこと自体が、日本におけるアメリカの軍事力を伴う特権的地位を見せつけたものといえる。

このトランプ大統領の露骨な振る舞いに、まるで植民地に君臨する宗主国意識のようなものを感じ取った向きも少なくなかろう。そもそも横田、横須賀、座間、厚木など首都圏に大規模な、しかも司令部機能も併せ持つ基地を長年にわたって構えていることが、アメリカの超大国としての力の誇示にほかならない。

さらに、アメリカ政府・米軍が六本木ヘリポート基地を手放さないのは、ニューサンノー米軍センターと外務省で定期的に開かれる日米合同委員会に、在日米軍の司令部高官や将校らが出席する際の便利な中継拠点になっているからだ。

日米合同委員会とは、一九五二年に日米行政協定（現地位協定）により設置された、日本のエリート官僚と在日米軍の高級軍人から成る協議機関だ。米軍への基地提供、米軍による基地使用と軍事活動の特権、米軍関係者の法的地位などを定めた地位協定の具体的な解釈や運用について協議する。名前だけは知られているが、議事録や合意文書は原則非公開で、その実態は謎につつまれている。英語名はU.S.-Japan Joint Committee またはJapan-U.S. Joint Committee。

図4のとおり、日米合同委員会の日本側代表は外務省北米局長で、代表代理は法務省大臣官房長などの高級官僚。アメリカ側代表は在日米軍司令部副司令官で、代表代理は在日アメリカ大使館公使のほかはすべて在日米軍の高官。

この一三名からなる合同委員会がいわゆる本会議で、その下部組織として各種の分科委員会と各種の部会が置かれている。その全体が日米合同委員会と総称される。

そこでは、米軍基地・演習場の場所の決定、基地・演習場のための土地収用、滑走路など各種施設の建設、米軍機に関する航空管制、米軍機の訓練飛行や騒音、墜落事故などの被害者への補償、米軍が使う電波の周波数、米軍関係者の犯罪の捜査や裁判権、基地の環境汚染、基地の日本人従業員の雇用など、さまざまな問題が協議される。

図5を見るとわかるように、分科委員会や部会には、日本側からは各部門を管轄する政府省庁の高級官僚たち（審議官、参事官、局長、部長、室長、課長とその部下）が、アメリカ側からも同じように各部門を管轄する在日米軍司令部の高級将校たちが出席して、実務的な協議をする。そこで合意された事項は、「勧告」や「覚書」として合同委員会の本会議に提出、承認される。

日米合同委員会では、日本側はすべて各省庁の官僚で文官だが、アメリカ側は在日アメリカ大使館公使を除いて、すべて軍人である。通常の国際協議ではあり得ない文官対軍人の不

（　）は設置年月日
※ 以下「代表」及び「議長」は、日本側代表・議長を示す。

- 気象分科委員会（昭35年6月23日）
  代表　気象庁長官
- 基本労務契約・船員契約紛争処理小委員会（昭35年6月23日）
  代表　法務省大臣官房審議官
- 刑事裁判管轄権分科委員会（昭35年6月23日）
  代表　法務省刑事局公安課長
- 契約調停委員会（昭35年6月23日）
  代表　防衛省地方協力局調達官
- 財務分科委員会（昭35年6月23日）
  代表　財務省大臣官房審議官
- 施設分科委員会（昭35年6月23日）
  代表　防衛省地方協力局次長
  - 海上演習場部会
    議長　水産庁漁政部長
  - 建設部会
    議長　防衛省地方協力局地方協力企画課長
  - 港湾部会
    議長　国土交通省港湾局長
  - 道路橋梁部会
    議長　国土交通省道路局長
  - 陸上演習場部会
    議長　農林水産省経営局長
  - 施設調整部会
    議長　防衛省地方協力局地方調整課長
    議長　防衛省地方協力局沖縄調整官
  - 施設整備・移設部会
    議長　防衛省地方協力局提供施設課長
  - 沖縄自動車道建設調整特別作業班
    議長　防衛省地方協力局沖縄調整官
  - SACO実施部会
    議長　防衛省地方協力局沖縄調整官
- 周波数分科委員会（昭35年6月23日）
  代表　総務省総合通信基盤局長
- 出入国分科委員会（昭35年6月23日）
  代表　法務省大臣官房審議官
  - 検疫部会
    議長　外務省北米局日米地位協定室補佐
- 調達調整分科委員会（昭35年6月23日）
  代表　経済産業省貿易経済協力局長
- 通信分科委員会（昭35年6月23日）
  代表　総務省総合通信基盤局長
- 民間航空分科委員会（昭35年6月23日）
  代表　国土交通省航空局交通管制部長
- 民事裁判管轄権分科委員会（昭35年6月23日）
  代表　法務省大臣官房審議官
- 労務分科委員会（昭35年6月23日）

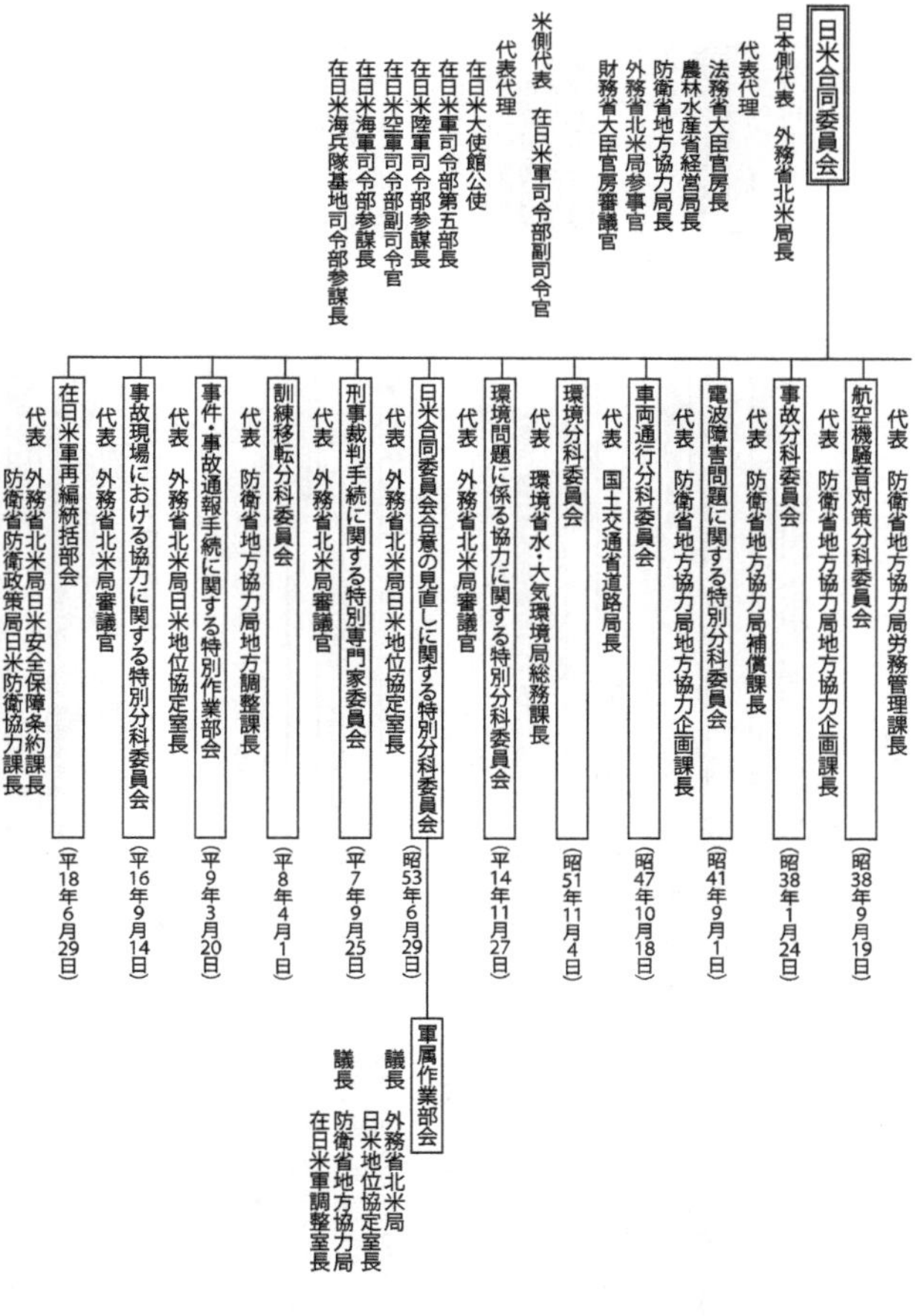
日米合同委員会
日本側代表　外務省北米局長
代表代理
法務省大臣官房長
農林水産省経営局長
防衛省地方協力局長
外務省北米局参事官
財務省大臣官房審議官
米側代表　在日米軍司令部副司令官
代表代理
在日米大使館公使
在日米軍司令部第五部長
在日米陸軍司令部参謀長
在日米空軍司令部副司令官
在日米海軍司令部参謀長
在日米海兵隊基地司令部参謀長
代表　防衛省地方協力局労務管理課長
航空機騒音対策分科委員会
（昭38年9月19日）
代表　防衛省地方協力局地方協力企画課長
事故分科委員会
（昭38年1月24日）
代表　防衛省地方協力局補償課長
電波障害問題に関する特別分科委員会
（昭41年9月1日）
代表　防衛省地方協力局地方協力企画課長
車両通行分科委員会
（昭47年10月18日）
代表　国土交通省道路局長
環境分科委員会
（昭51年11月4日）
代表　環境省水・大気環境局総務課長
環境問題に係る協力に関する特別分科委員会
（平14年11月27日）
代表　外務省北米局審議官
日米合同委員会合意の見直しに関する特別分科委員会
（昭53年6月29日）
代表　外務省北米局日米地位協定室長
軍属作業部会
議長　外務省北米局日米地位協定室長
議長　防衛省地方協力局在日米軍調整室長
刑事裁判手続に関する特別専門家委員会
（平7年9月25日）
代表　外務省北米局審議官
訓練移転分科委員会
（平8年4月1日）
代表　防衛省地方協力局地方調整課長
事件・事故通報手続に関する特別作業部会
（平9年3月20日）
代表　外務省北米局日米地位協定室長
事故現場における協力に関する特別分科委員会
（平16年9月14日）
代表　外務省北米局審議官
在日米軍再編統括部会
（平18年6月29日）
代表　外務省北米局日米安全保障条約課長
防衛省防衛政策局日米防衛協力課長

図4　2018年12月の時点での日米合同委員会組織図（外務省ホームページ掲載資料より作成）

日米合同委員会

代表　外務省北米局長

代表代理
防衛施設庁長官
防衛庁国際関係担当参事官
法務省大臣官房長
外務省北米局審議官
大蔵省大臣官房審議官
農林水産省構造改善局長

代表　在日米軍司令部参謀長

代表代理
在日米大使館参事官
在日米軍より計４名

- **気象分科委員会**
  代表　気象庁長官、在日米海軍司令部気象課部員
- **基本労務契約・船員契約紛争処理小委員会**
  代表　法務大臣官房審議官、在日米海軍司令部法務官
- **刑事裁判管轄権分科委員会**
  代表　法務省刑事局総務課長、在日米軍司令部法務官
- **契約調停委員会**
  代表　防衛施設庁総務部調停官、在日米軍司令部第４部部員
- **航空機騒音対策分科委員会**
  代表　防衛施設庁施設部連絡調整官、在日米軍司令部第３部部員
- **財務分科委員会**
  代表　大蔵省大臣官房審議官、在日米軍司令部会計検査官
- **事故分科委員会**
  代表　防衛施設庁次長、在日米軍司令部第３部部長
- **施設特別委員会**
  代表　防衛施設庁長官、在日米軍司令部第４部部長
  - **FAC6027読谷村補助飛行場落下傘降下訓練場代替地検討特別作業班**
    代表　防衛施設庁施設部連絡調整官、在日米軍司令部第３部副部長
  - **沖縄自動車道建設調整特別作業班**
    代表　防衛施設庁連絡調整官、在日米軍司令部第４部副部長
  - **海上演習場部会**
    代表　農林水産省漁政部長、在日米軍司令部第３部部員
  - **港湾部会**
    代表　運輸省港湾局長、在日米軍司令部第４部部員
  - **施設整備移設部会**
    代表　防衛施設庁総務部施設調査官、在日米軍司令部第４部部員
  - **施設調整部会**
    代表　防衛施設庁施設部首席連絡調整官、在日米軍司令部第４部部員
  - **建設部会**
    代表　防衛施設庁施設部首席連絡調整官、在日米軍司令部第４部部員
- **周波数分科委員会**
  代表　郵政省電気通信局長、在日米軍司令部第６部部長
- **出入国分科委員会**
  代表　法務大臣官房審議官、在日米軍司令部第５部部員

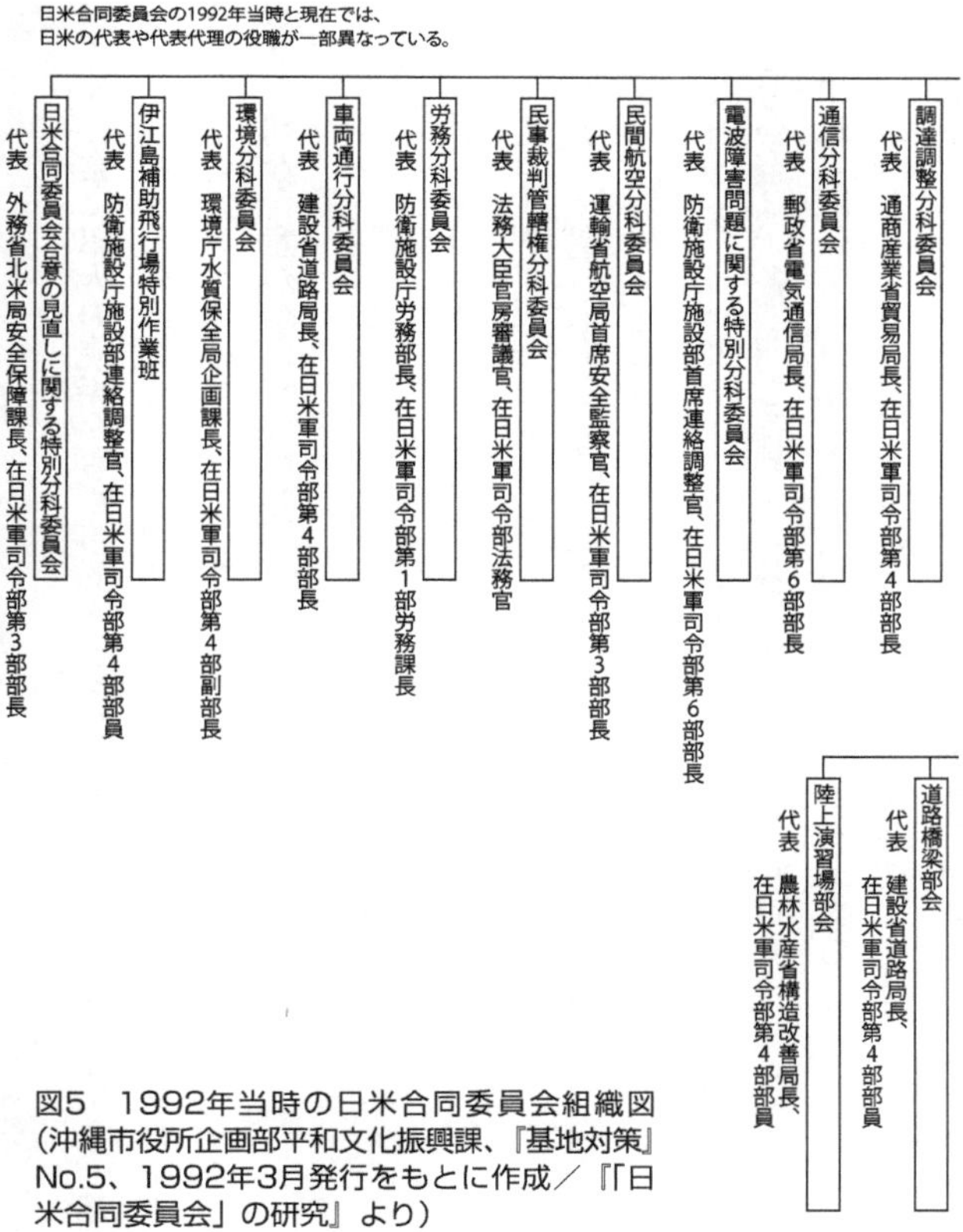

日米合同委員会の1992年当時と現在では、
日米の代表や代表代理の役職が一部異なっている。

図5　1992年当時の日米合同委員会組織図
（沖縄市役所企画部平和文化振興課、『基地対策』No.5、1992年3月発行をもとに作成／『「日米合同委員会」の研究』より）

規則な組み合わせだ。

そのため、アメリカ側は常に軍人の立場から軍事的必要性にもとづく要求を持ち出す。基地の運営や訓練など、あらゆる軍事活動を円滑に進めることを最優先して協議にのぞむ。米軍優位の日米地位協定を土台にして協議する以上、運用面でもほとんどの場合、アメリカ側の要求が通り、米軍に有利な合意が結ばれている。

米軍の特権を認める密約

日米合同委員会は一九五二年四月二八日の対日講和条約（サンフランシスコ講和条約）、日米安保条約、日米行政協定（現地位協定）の発効とともに発足した。

本会議は毎月、原則として隔週の木曜日に開かれる。ほぼ月二回という高頻度だ。議長役は日本側代表とアメリカ側代表が交互につとめる。日本側による回は外務省の会議室で、アメリカ側による回はニューサンノー米軍センターの在日米軍司令部専用の会議室で開かれる。各分科委員会や各部会の会議は、各部門を管轄する各省庁や外務省、在日米軍施設で、必要に応じて開かれる。いずれも関係者以外立ち入り禁止の密室での会合である。

会合に出席する米軍側の代表、代表代理、委員らは、在日米軍司令部や在日米空軍司令部のある横田基地、在日米陸軍司令部のあるキャンプ座間、在日米海軍司令部のある横須賀基地などから、軍用ヘリに乗って六本木のヘリポート基地にやって来る。

そして、日米合同委員会は密室協議を通じて、米軍の特権を認める秘密の合意＝密約も生み出してきた。驚くべき密約の数々は、わかっているだけでも以下のとおりである。

①「民事裁判権密約」（一九五二年）　米軍機墜落事故などの被害者が損害賠償を求める裁判に、米軍側は不都合な情報は提供しなくてもよく、そうした情報が公になりそうな場合は米軍人・軍属を証人として出頭させなくてもいい。

②「日本人武装警備員密約」（一九五二年）　基地の日本人警備員に銃刀法上は認められない銃の携帯をさせてもいい。

③「裁判権放棄密約」（一九五三年）　米軍関係者の犯罪事件で日本にとっていちじるしく重要な事件以外は第一次裁判権を行使しない。

④「身柄引き渡し密約」（一九五三年）　米軍人・軍属の犯罪事件で被疑者の米軍人・軍属の身柄を公務中かどうか明らかでなくても米軍側に引き渡す。

⑤「公務証明書密約」（一九五三年）　米軍人・軍属の犯罪事件で米軍が発行する公務証明書を、起訴前の段階でも有効と見なし、公務中として、日本側が不起訴にする。

⑥「秘密基地密約」（一九五三年）　軍事的性質によっては米軍基地の存在を公表しなくて

もいい。

⑦「富士《ふじ》演習場優先使用権密約」（一九六八年）　自衛隊管理下で米軍と自衛隊の共同使用になった富士演習場（米軍は東富士と北富士の両演習場を合わせて、こう呼んでいる）を、米軍が年間最大二七〇日優先使用できる。

⑧「航空管制委任密約」（一九七五年）「横田空域」や「岩国《いわくに》空域」の航空管制を法的根拠もなく米軍に事実上委任する。

⑨「航空管制・米軍機優先密約」（一九七五年）　米軍機の飛行に日本側が航空管制上の優先的取り扱いを与える。

⑩「嘉手納《かでな》ラプコン移管密約」（二〇一〇年）「沖縄進入管制空域」の日本側への移管後も、嘉手納基地などに着陸する米軍機をアメリカ側が優先的に航空管制する。

一読してわかるように、これらの密約は、日本の主権を侵害し、憲法体系（憲法を頂点とする国内法令の体系）を無視して、米軍に事実上の治外法権を認めるものだ。日米合同委員会の秘密合意のシステムは、地位協定による米軍優位の特権を、より強固なものとする裏の仕組みである。詳細は拙著『「日米合同委員会」の研究』で述べたとおりである。

日米合同委員会の合意の要旨はごく一部、外務省や防衛省のホームページなどで公開されている。しかし、議事録や合意文書そのものは原則非公開である。情報公開法にもとづいて外務省などに文書開示請求をしても、黒塗りの不開示とされてしまう。その秘密主義は徹底しており、議事録や合意文書は国会議員にさえも非公開とされている。

そのため、日米合同委員会の隠された姿に迫るには、法務省、外務省、警察庁、最高裁などの秘密資料・部外秘資料、在日米軍の内部文書、アメリカ政府・軍の秘密指定解除された解禁秘密文書などの調査を通じて、探ってゆくしかない。

たとえば、米軍人・軍属・それらの家族の犯罪に関する検察官用の、『秘　合衆国軍隊構成員等に対する刑事裁判権関係実務資料』(法務省刑事局)、同じく警察官用の『部外秘　地位協定と刑事特別法』(警察庁刑事局)、同じく裁判官用の『部外秘　日米行政協定に伴う民事及び刑事特別法関係資料』(最高裁判所事務総局、写真2)、外務官僚用の地位協定の解釈と運用の解説書『秘　日米地位協定の考え方・初版』(外務省)、アメリカ国立公文書館で秘密指定解除された日米合同委員会の非公開議事録などである。

前述の①〜⑩の密約も、そのような秘密資料、部外秘資料、内部文書、解禁秘密文書などに実際に記載されている。確かに公文書にその存在が記されているという証拠があるのだ。

なお、「　」中の密約名は、その秘密合意の本質を端的に表すために私がつけたものである。それぞれの密約が記された合意文書には、日米合同委員会の分科委員会名などが出てく

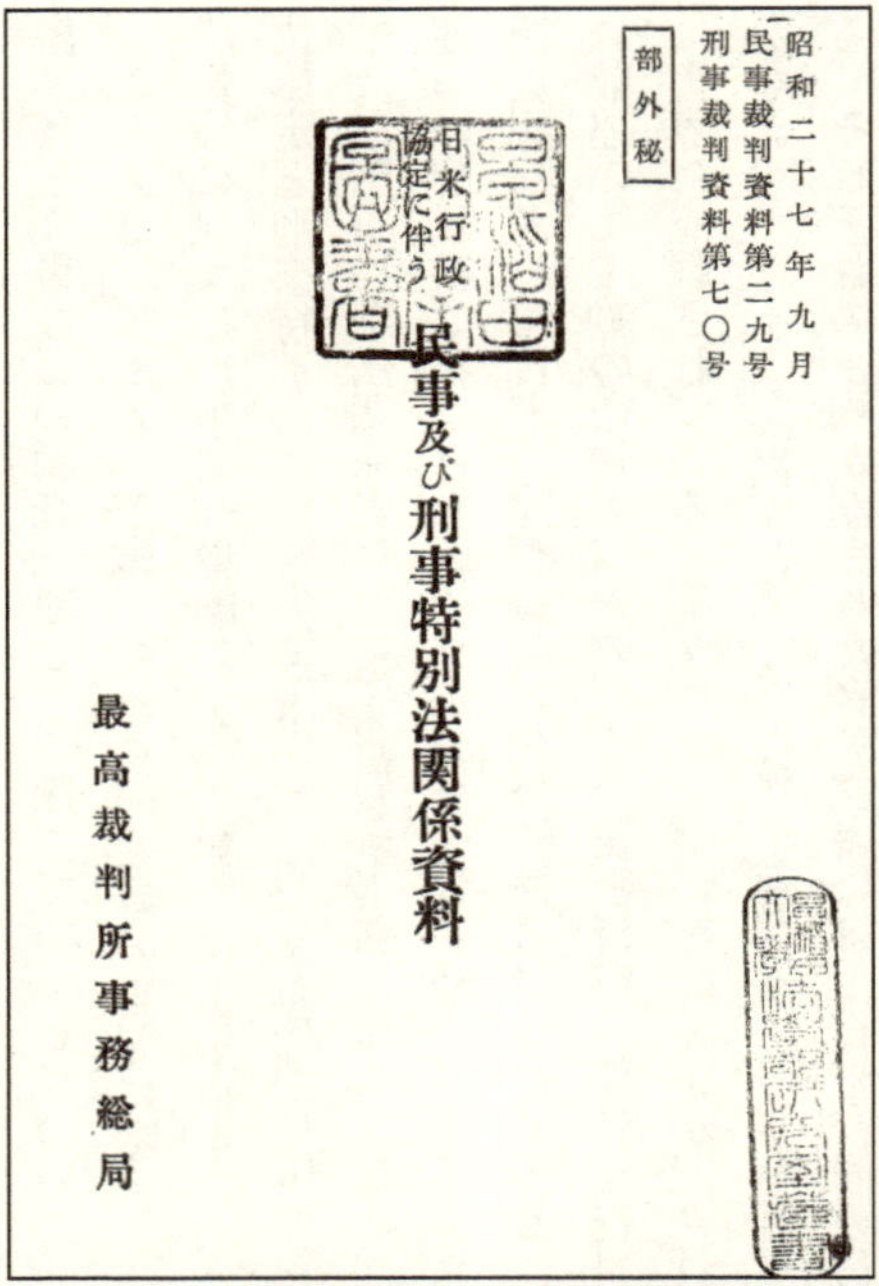
昭和二十七年九月
民事裁判資料第二九号
刑事裁判資料第七〇号

部外秘

日米行政協定に伴う民事及び刑事特別法関係資料

最高裁判所事務総局

写真2　最高裁判所事務総局による『部外秘 日米行政協定に伴う民事及び刑事特別法関係資料』の表紙

る事務的な名称がつけられている。

たとえば①「民事裁判権密約」の場合は、「合同委員会第七回本会議に提出された一九五二年六月二一日附裁判権分科委員会勧告、裁判権分科委員会民事部会、日米行政協定の規定の実施上問題となる事項に関する件」というようにである。

あまりにも広大な「横田空域」

これら日米合同委員会の密約のうち、ここで取り上げたいのが⑧「航空管制委任密約」（一九七五年）である。なぜなら、この六本木ヘリポート基地に米軍ヘリは横田、座間、横須賀、厚木の各基地から飛来しているが、それらの基地はことごとく「横田空域」のもとにあり、米軍が優先的に使用するその広大な空域の問題、日本の空の主権が侵害されている問題は、日米合同委員会の密約の闇に根を張っているからだ。

「横田空域」は正式には「横田進入管制区」（ヨコタ・レーダー・アプローチ・コントロール）といい、「横田ラプコン」と略される。図6のように、首都圏から関東・中部地方にかけて、東京、神奈川、埼玉、群馬のほぼ全域、栃木、新潟、長野、山梨、静岡の一部、福島のごく一部、合わせて一都九県に及ぶ広大な空域である。南北で最長約三〇〇キロ、東西で最長約一二〇キロの地域の上空をすっぽりと覆っている。

図7のように、最高高度約七〇一〇メートルから、約五四八六、約四八七六、約四二六七、約三六五七、約二四三八メートルまで、階段状に六段階の高度区分で立体的に設定されている。ちょうど日本列島中央部の空をさえぎる、最も高い部分ではヒマラヤ山脈なみの目に見えない巨大な「空の壁・塊」となっている。

そこは日本の領空なのに、米軍が戦闘機の訓練飛行や輸送機の発着などに優先的に使用できる空域である。空域の航空管制を、横田基地の米軍が握っているからだ。そのため、横田基地や厚木基地の周辺、訓練飛行空域・ルート下の群馬県や埼玉県などで、住民に騒音被害

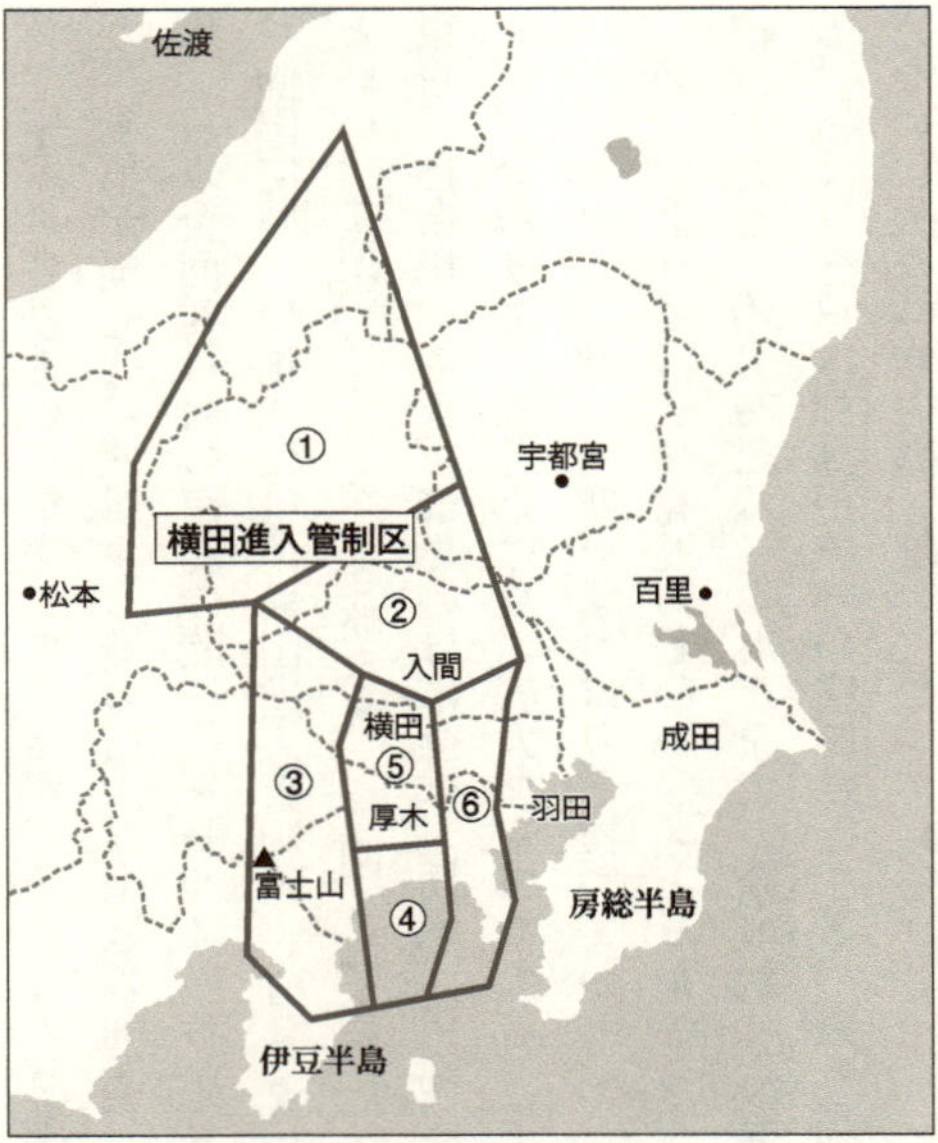

図6 「横田空域」の略図。図6と図7の①～⑥はそれぞれ対応している（国土交通省航空局の「電子航空路誌」をもとに作成／『「日米合同委員会」の研究』より）

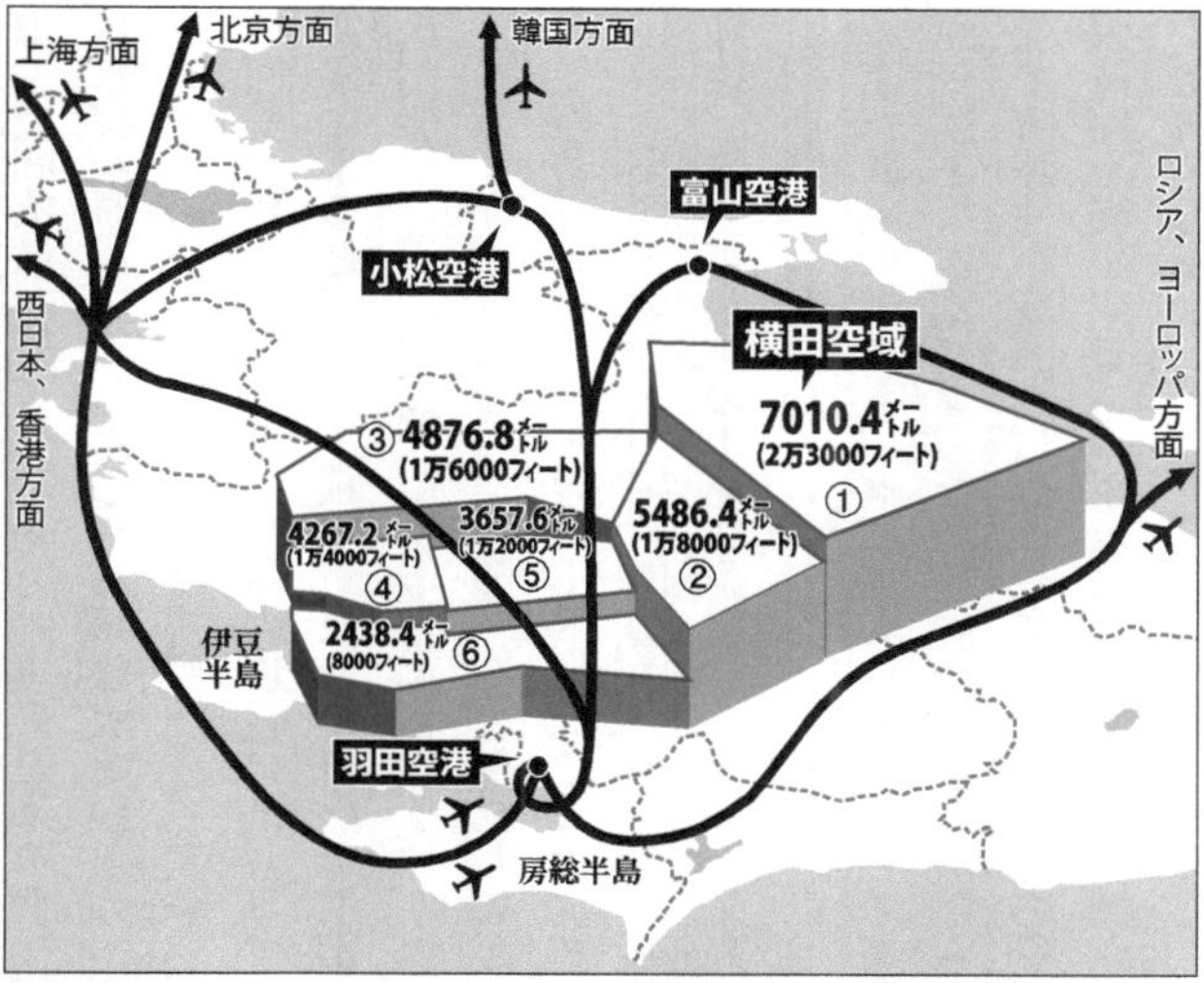

図7　「横田空域」とそれを避けて通る民間機の主な航空路（『週刊ポスト』2014年10月10日号をもとに作成／『「日米合同委員会」の研究』より）

と墜落事故などの危険を長年にわたりもたらしている。

航空管制とは正式には航空交通管制（ATC）という。航空機の安全かつスムーズな運航のために、離着陸の順序、飛行ルート、高度などを無線通信やレーダーなどを使って指示し管理する業務である。日本では、航空管制は主に国土交通省航空局の航空管制官がおこなっているが、特例的に自衛隊基地の飛行場とその周辺は自衛隊が、米軍基地の飛行場とその周辺は米軍がおこなっている。

「横田空域」を民間機が飛行する場合、[*注1]計器飛行方式（IFR）で飛ぶ民間機は一便ごとに飛行計画書を米軍側に提出して事前調整し、空域を通る許可を得なければならない。しかし、許可されるかどうか不確かで、容易ではない。

そのため、「横田空域」の通過は落雷や雹《ひょう》の危険を伴う積乱雲や激しい乱気流など悪天候の回避や機体故障など、緊急の場合に限られているのが実情である。だから、国土交通省航空局によると、二〇一八年一二月の時点で羽田空港や成田空港に出入りする計器飛行方式の民間機が、「横田空域」内を通る定期便ルートは設定されていない。

このような巨大な「空の壁・塊」が立ちふさがっているため、羽田空港を使う民間機はすべて離着陸コースや飛行ルートに大きな制約を受け、非効率的な運航を強いられている。羽田から関西・北陸・中国・四国・九州方面や韓国・中国など東アジア諸国に向かう場合、離陸後、まず東京湾の上を急旋回、急上昇して高度を十分に上げてからでないと、「横田空域」を飛び越えられない。

また着陸のときも、同空域の南側を迂回《うかい》して、いったん東京湾上空を千葉県方向の東側に回り込まなければならない。着陸コースが限られているため、航空便の混雑時には東京湾上空で着陸機が高度別に分かれて一定の間隔で行列をなし、旋回待機しなければならない空の大渋滞も発生する。いずれにしても飛行時間が長くかかり、ニアミスや衝突事故などのリスクも高くなる。

＊注1　計器飛行方式とは、地上の航空保安無線施設からの電波信号を受信するなど、航空機の操縦席の各種計器を用いながら、航空管制官の指示や承認を受けて飛行する方法。通常、航空会社の定期便の航空機はすべてこの方式で飛んでいる。

立ちはだかる巨大な空の壁

民間航空機のパイロットたちも「横田空域」の不自然さ、弊害について声をあげている。パイロットや客室乗務員、整備士、航空管制官など航空関係の複数の労働組合からなる、航空安全推進連絡会議は毎年、国土交通省に航空安全に関する要請をおこなっている。そのなかで、「民間機の安全かつ効率的な運航を阻害している軍事空域の削減」を求めつづけている。

軍事空域の最たるものである「横田空域」についても、羽田空港からの離陸後、急旋回・急上昇して「横田空域」を飛び越えるという、航空機の性能上きびしい飛行を強いられ、安全かつ効率的な運航の妨げになっている点、羽田空港や成田空港への到着便が同空域を迂回して遠回りさせられている点など、民間航空の現場の視点から問題点をあげ、早期返還を訴えている。

航空安全推進連絡会議の事務局長でパイロットの高橋拓矢《たかはしたくや》さんは、「横田空域は目には見えないが、空に巨大な壁、建造物が立ちはだかっているようなもの」と言い表しながら、パイロットの立場から具体的にこう指摘する。

「夏に航空路の行く手に積乱雲が発生したり、冬のジェット気流で機体が激しく揺れたりした場合、国土交通省の東京航空交通管制部の管制官に連絡すると、横田基地の米軍管制官と調整してくれて、悪天候回避のために横田空域内を通る許可がだいたい得られます。しかし、そもそもこのような巨大な空の壁がなければ、いちいち調整して許可をもらう必要もないし、最初からもっと効率的な運航の飛行計画を立てられるわけです」

「また、西の方から来る羽田空港への到着便は、横田空域の南側を迂回しなければならないので、ひどいときは名古屋付近の上空から羽田への進入の順番待ちで航空路が混雑し、右へ左へ機首を振りながら［ジグザグに］飛ばざるをえません。このような空の過密状態という問題が引き起こされているのです」

航空安全推進連絡会議に参加する国土交通労働組合のある現役航空管制官も、「横田空域」があることで、航空管制官の負担が重くなっていると話す。

「民間機が悪天候回避のため横田空域内を通過しなければならない場合、米軍側との調整は一機だけでは済みません。次々と何度も調整が必要になって手間がかかり、航空管制官の業務量が増大して大変なわけです。だから本来は、横田空域の全面返還と、国土交通省による航空管制の一元化が望ましいのです」

なお、有視界飛行方式[*注2]（ＶＦＲ）で飛ぶ航空機の場合は、航空法によって通常、原則として航空管制官の指示に従うことなく飛行できる（飛行場から半径九キロ内の「航空交通管制圏」を除いて）。

そのため、有視界飛行方式をとる民間のセスナなど小型機が「横田空域」内を飛ぶ場合、横田や厚木など基地の飛行場至近の一定の航空交通管制圏に入らない限り、米軍側からいちいち許可を得る必要はない。

東京都内の調布《ちょうふ》飛行場と伊豆《いず》諸島を結ぶ小型プロペラ機による定期便は、気象条件に応じて有視界飛行方式と計器飛行方式で飛んでいる。雨天などで有視界飛行ができないときは、計器飛行方式をとるため、米軍側から「横田空域」内通過の許可を得る必要がある。

ただ、有視界飛行方式の民間小型機が基地の飛行場の航空交通管制圏を除き、米軍側の許可なく空域内を飛べるからといって、「横田空域」の問題性が薄れるわけではない。日本の空の航空管制を日本側が全面的におこなうという、独立国として当然あるべき状態が阻害され、空の主権が侵害されていることが、根本的な問題としてあるからだ。

また、「横田空域」と同じように米軍が広範囲にわたって航空管制をおこない、訓練飛行などに優先的に使用している「岩国空域」も存在している（図８）。同空域は山口県東部に

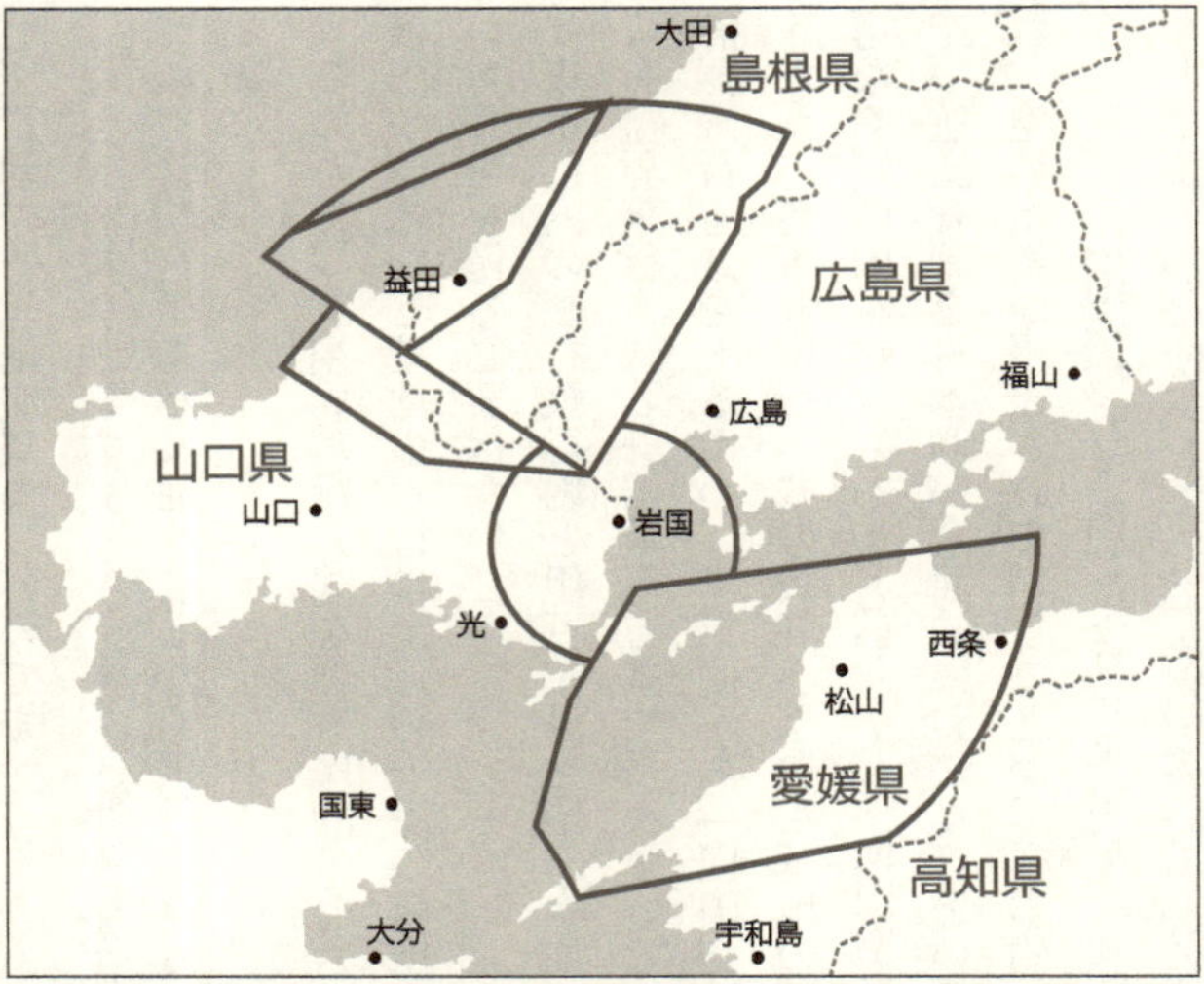

図8　「岩国空域」の略図（国土交通省航空局の「電子航空路誌」をもとに作成／『「日米合同委員会」の研究』より）

ある米海兵隊岩国基地を中心に、山口、愛媛、広島、島根の四県にまたがる地域の上空を円形状と扇形状に、基地から日本海側で最長約一〇〇キロ、瀬戸内海側で最長約九〇キロの範囲で、地表からの高度約四三〇〇～約七〇〇〇メートルの階段状に立体的に覆っている。

　そのため、岩国錦帯橋《きんたいきょう》空港と松《まつ》山《やま》空港での民間機の離着陸に岩国基地の管制官の許可と指示が必要とされ、大分空港に着陸のため進入する民間機が困難な飛行を強いられる高度制限を受けるなど、民間機の運航に影響が出ている。

『中國新聞』（二〇一八年四月一七日

朝刊）によると、最も影響を受けるのは「岩国空域」の西側にある大分空港で、国内線のベテラン機長は「岩国空域は通ってはいけないというのがパイロットの共通認識。避けて飛ぶから、羽田など東方面から大分へ向かう路線は難しい」と証言している。民間機は「岩国空域」の上を飛び越えたあと、すぐに大分空港への着陸準備に入り、一般的な航空路線よりも急速な高度低下を強いられるため、「翼のブレーキだけでなく、上空で車輪を出し、空気抵抗を大きくして無理やり減速させる場合もある」という。

＊注2　有視界飛行方式とは、計器飛行方式のように航空管制官の指示や承認を受けずに、パイロットの目視によって飛行する方法。ただし、他の航空機や障害物との間に安全な間隔を保つために、雲の高さや雲からの距離などに応じた視程（目視できる範囲）において一定の基準を満たす「有視界気象状態」でなければ飛行できない決まりになっている。

「横田空域」の全面返還に応じない米軍

このように日本領空なのに日本側の航空管制が及ばず、管理できない。つまり日本の空の主権が米軍によって侵害されているという、独立国としてあるまじき状態が、戦後七〇年以上も続いている。

日本の空の航空管制を日本側が全面的におこなうという、独立国として当然のあり方を一刻も早く実現すべきであろう。

これまで日本政府は米軍に対し「横田空域」の返還を求めてきた。しかし、米軍はこれまで八回、「横田空域」の一部削減・返還（たとえば一九九二年に空域の約一〇パーセント、二〇〇八年に約二〇パーセント）には応じたものの、全面返還する姿勢は見せていない。

なお、『平成30年版防衛白書』（防衛省編・発行　二〇一八年）によると、二〇〇六年以降、「空域の一部について管制業務の責任を一時的に日本側に移管する措置」がとられ、横田基地の進入管制業務のための施設（横田ラプコン施設）に航空自衛隊の管制官が併置（配置）されている。

この自衛隊管制官の併置は二〇〇七年五月一八日に始まった。「教育訓練及び調査研究を目的とする」もので、日米合同委員会で承認された措置である（防衛省ホームページ「横田ラプコン施設における自衛隊管制官併置の実施について」）。

これについて、当時の防衛省・金澤博範《かなざわひろのり》防衛政策局次長は国会答弁（二〇〇七年六月八日、衆議院外務委員会）で、「自衛隊管制官の管制技術等の向上が図られ、日米間の円滑な調整の強化とか、あるいは航空交通管制の安全性、効率性の向上に寄与することを期待」した措置だと説明した。

しかし、米軍側が「横田空域」を管理していることに変わりはない。併置されたのが、国土交通省の航空管制官ではなく、自衛隊管制官だったという点からして、併置の目的である「教育訓練及び調査研究」が、「横田空域」での米軍と自衛隊の間の円滑な調整の強化、すなわち軍事的要素の濃いものではないかと考えられる。「横田空域」下には、航空自衛隊の入《い》間《る》基地、陸上自衛隊立川《たちかわ》駐屯地などがある。

立て続けの公文書の不開示

日本の空の主権が侵害されている「横田空域」と「岩国空域」。これは放置しておけない重大な問題ではなかろうか。

そこで私は、日本の航空管制を管轄している国土交通省に対し、「横田空域」と「岩国空域」で米軍が航空管制をしている法的根拠を記した文書を、二〇一五年八月に情報公開法にもとづいて開示請求した。

しかし二ヵ月後、驚くべきことに、関連文書は「国の安全・外交に関する情報」に該当するため全面不開示とされた。その理由が不開示決定通知書にこう書かれていた。

「日米双方の合意がない限り公表されないことが日米両政府間で合意されており、これを公にすることは、米国との信頼関係が損なわれるおそれがあるため」

日本政府は、日本の航空管制権が排除され、空の主権が侵害されたままの異常な状態を生み出している、その法的根拠を公開できないというのである。情報隠蔽としか言いようがない。

日本は法治国家のはずだ。各種辞典・事典をもとに要点をまとめると、法治国家とは、主権者である国民によって選ばれた代表者たる国会議員が審議する場である国会で制定された法律にもとづいて、国の政治、行政がおこなわれる国家、憲法を頂点とする法体系が統治する国家である。

だから、日本政府は「横田空域」と「岩国空域」での米軍による航空管制を認めている法的根拠を、当然公開すべきだろう。秘密にするなどあってはならないことだ。文書そのものを秘密にした時点で、政府がいくら法的根拠が書かれていると主張しても、客観的に確認のしようがない。その主張自体が成り立たない。

そこで私は、「日米双方の合意がない限り公表されない」と両政府間で合意したという、その合意文書の開示請求を国土交通省と外務省にしてみた。

すると、これもまた「日米双方の合意がない限り公表されないことが……」という、まったく同じ理由で不開示とされた。これでは、本当に日米両政府間でそのような合意がされているのかどうか、やはり客観的に確認のしようがない。日本政府には主権者である国民・市民に説明責任を果たそうとする姿勢が見られない。そうまでして、政府はいったい何を隠したいのだろうか。

「航空管制委任密約」

日本での米軍による航空管制に関しては、日米合同委員会の「航空交通管制に関する合意」（一九七五年）というものがある。日米合同委員会の民間航空分科委員会で決まった合意内容を、本会議で承認したものだ。同分科委員会の日本側代表は国土交通省航空局の交通管制部長、アメリカ側代表は在日米軍司令部第三部（作戦計画）部長で、それぞれの部下の担当官らも委員として出席し協議する。

この合意文書も例によって非公開だが、その要旨だけは外務省ホームページで公開されており、次のように、米軍に対して基地とその周辺の空域における航空管制を認める項目が載っている。

「日本政府は、米国政府が地位協定に基づきその使用を認められている飛行場およびその周辺において引続き管制業務を行うことを認める」

「横田空域」と「岩国空域」は米軍基地の飛行場の周辺というには、あまりにも範囲が広すぎるが、この要旨からすると、「その周辺」の空域と位置づけられていると考えられる。そして、そこで米軍が航空管制をおこなうのは、日米地位協定にもとづくものだというのである。

しかし実は、日米地位協定の航空管制に関連した条文（第六条）には、そのような規定はまったく書かれていない。この点について、法的根拠となるものはあるのだろうか。

外務省の機密文書『日米地位協定の考え方・増補版』（一九八三年）は、次のように説明している。この文書は二〇〇四年に琉球新報社が独自に入手して報道し、その内容が明らかになった。初版は一九七三年に作成された。同文書は地位協定の具体的な運用のために、条文や関係法令や日米合同委員会の合意などの解釈、政府見解、国会答弁、運用上の問題点などを解説したものだ。「無期限　秘」扱いの外務官僚の秘密資料で、いわば裏マニュアルといえる。これにもとづいて政治家の国会答弁、政府見解もつくられる。

「米軍による右の管制業務は、航空法第九六条の管制権を航空法により委任されて行っているものではなく、合同委員会の合意の本文英語ではデレゲートという用語を使用しているが、これは『管制業務を協定第六条の趣旨により事実上の問題として委任した』という程度の意味」

（『外務省機密文書　日米地位協定の考え方・増補版』琉球新報社編　高文研　二〇〇四年）

「右の管制業務」とは「横田空域」や「岩国空域」での米軍による航空管制を指している。だが、それは日本の法律である航空法によって「委任」されたものではない。航空法には、一部の管制業務を自衛隊に委任できる規定（第一三七条）はあるが、米軍に委任できるとは定めていない。

『日米地位協定の考え方・増補版』も、「このような管制業務を米軍に行わせている我が国内法上の根拠が問題となるが、この点は（中略）合同委員会の合意のみしかなく、航空法上積極的な根拠規定はない」と認めている。

要するに、国内法上の根拠はないが、日米合同委員会の合意によって、英語の正式な合意文書の本文にあるように「デレゲート」（delegate）という用語を使い、米軍に「事実上の問題として委任した」ものだというのである。

「協定第六条」とは日米地位協定第六条のことだ。その「趣旨」というのは、日米安保という軍事同盟のために、民間用と軍事用の航空管制に関して日米間で「協調及び整合」を図り、必要な手続きなどを「両政府の当局間」で取り決める、と第六条で定めていることを指す。

ただし、この場合の「協調及び整合」は、日米安保が軍事同盟であり、地位協定が米軍優位の内容である以上、軍事優先・米軍優先が実態である。民間航空機が米軍機の軍事活動の妨げにならないようにすることが大前提となっている。

そして、その「両政府の当局間」で取り決めたのが、日米合同委員会の「航空交通管制に関する合意」である。しかし、上記の外務省機密文書『日米地位協定の考え方・増補版』に書かれているように、その取り決めはあくまでも「事実上」の「委任」というのだから、それは法令上の委任ではないことを意味している。「事実上」という言葉は、法的根拠はないが、実際におこなわれていることを黙認する場合に使われるものだ。

つまり、航空法上も、日米地位協定上も、法的根拠がないのに、地位協定第六条の趣旨を汲《く》んで、米軍が占領時代から引き続き事実上やってきていることだからと認め、事実上の委任をしたということだ。そして、その合意文書を非公開として秘密にしているのだから、まさに「航空管制委任密約」なのである。

戦後日本の航空管制の歩みと米軍

いつからこのようないわば「無法状態」が続いてきたのだろうか。ここで時代を少しさかのぼってみよう。米軍による日本占領時代、米軍機は自由に日本の空を飛び交っていた。航

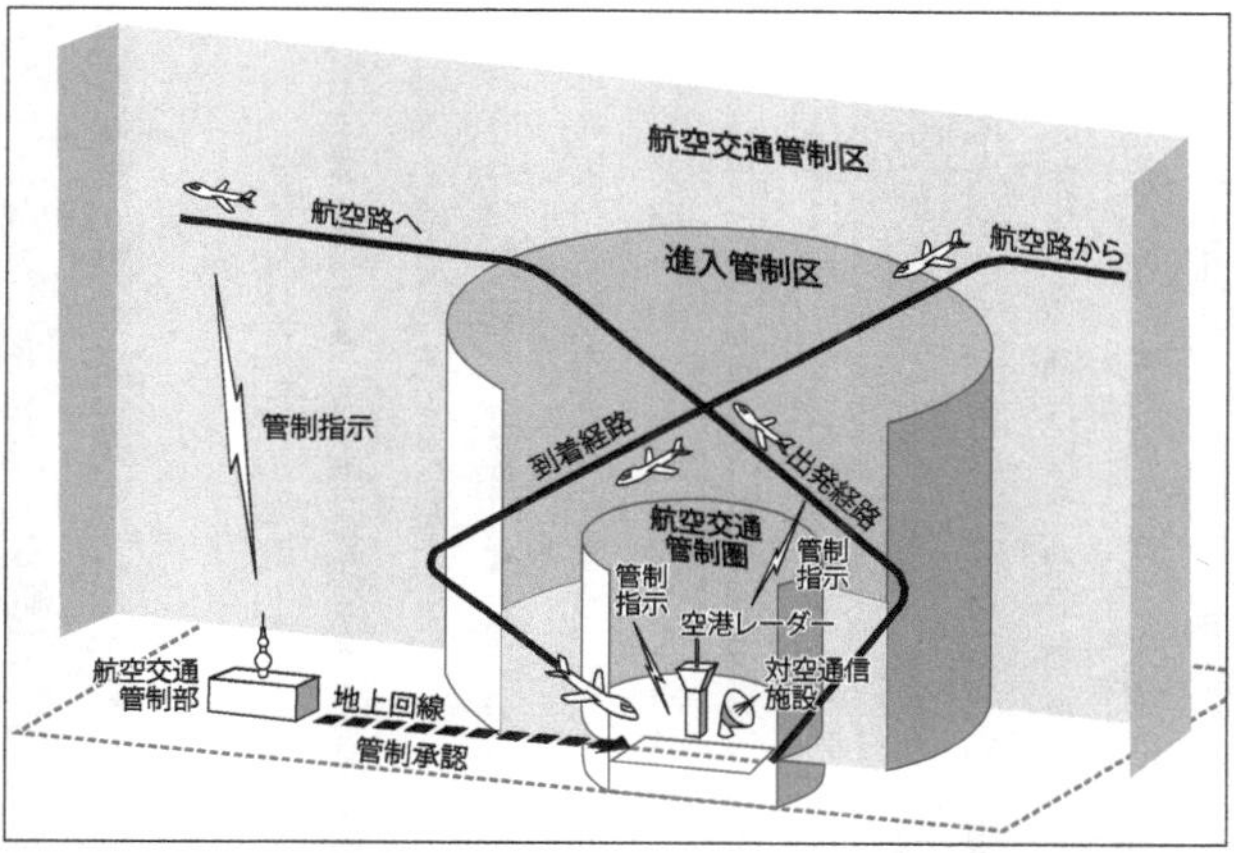

図9　管制区などの概念図（国土交通省ホームページ掲載資料をもとに作成／『「日米合同委員会」の研究』より）

空管制も米軍が全面的におこない、その専門部隊を全国各地の基地の飛行場に置いていた。

　戦後日本の航空管制の歩みを記した『航空管制五十年史』（航空管制五十年史編纂委員会編　航空交通管制協会　二〇〇三年）によると、一九四七年一〇月頃には、米軍がジョンソン基地（埼玉県入間市、現航空自衛隊入間基地）に東日本管制センターを、板《いた》付《づけ》基地（福岡県福岡市、現福岡空港）に西日本管制センターを設置し、日本とその周辺上空の広範囲にわたる航空管制を開始した。以下、同書にもとづいて経過をみていこう。

　一九五二年四月二八日に対日講和条約と日米安保条約と行政協定が発効し、占領時代が終わった。ただ、日本の独立が回復されたとはいえ、米軍による航空管制は続いた。日本側にはまだ航空管制の技術も能力もなく、実施態勢が整っていなかったからだ。民間機の運航もふくめて航空管制の権限は全面的に米軍が握っていた。

一九五二年六月二五日に日米合同委員会で承認された「航空交通管制に関する合意」（「五二年合意」）では、日本側が航空管制業務を安全に実施できると認められるまでは、在日米軍の手にゆだねるとされた。

そして、米軍による日本人航空管制官（運輸省航空局職員）の訓練・養成が、ジョンソン基地や板付基地などで始まり、一九五五年から段階的にいくつかの地方空港において「飛行場管制業務」[*注3]が日本側に移管されるようになった。

一九五七年四月、日米合同委員会の民間航空分科委員会の第二〇回会合で、五九年七月一日を目標日として、米軍基地とその周辺空域を除いた、「飛行場管制業務」、「進入管制業務」[*注4]、「航空路管制業務」[*注5]を日本側に移管することが合意された（図9）。

日本人航空管制官の訓練と養成の成果があがり、各種の管制業務を担えるまでに能力も向上してきたと評価されたのである。

一九五八年一二月一五日、米軍横田基地で進入管制業務を担う部署「アプローチ・コントロール」と運輸省（現国土交通省）の東京航空交通管制部の間で、「横田空域」の提供や進入

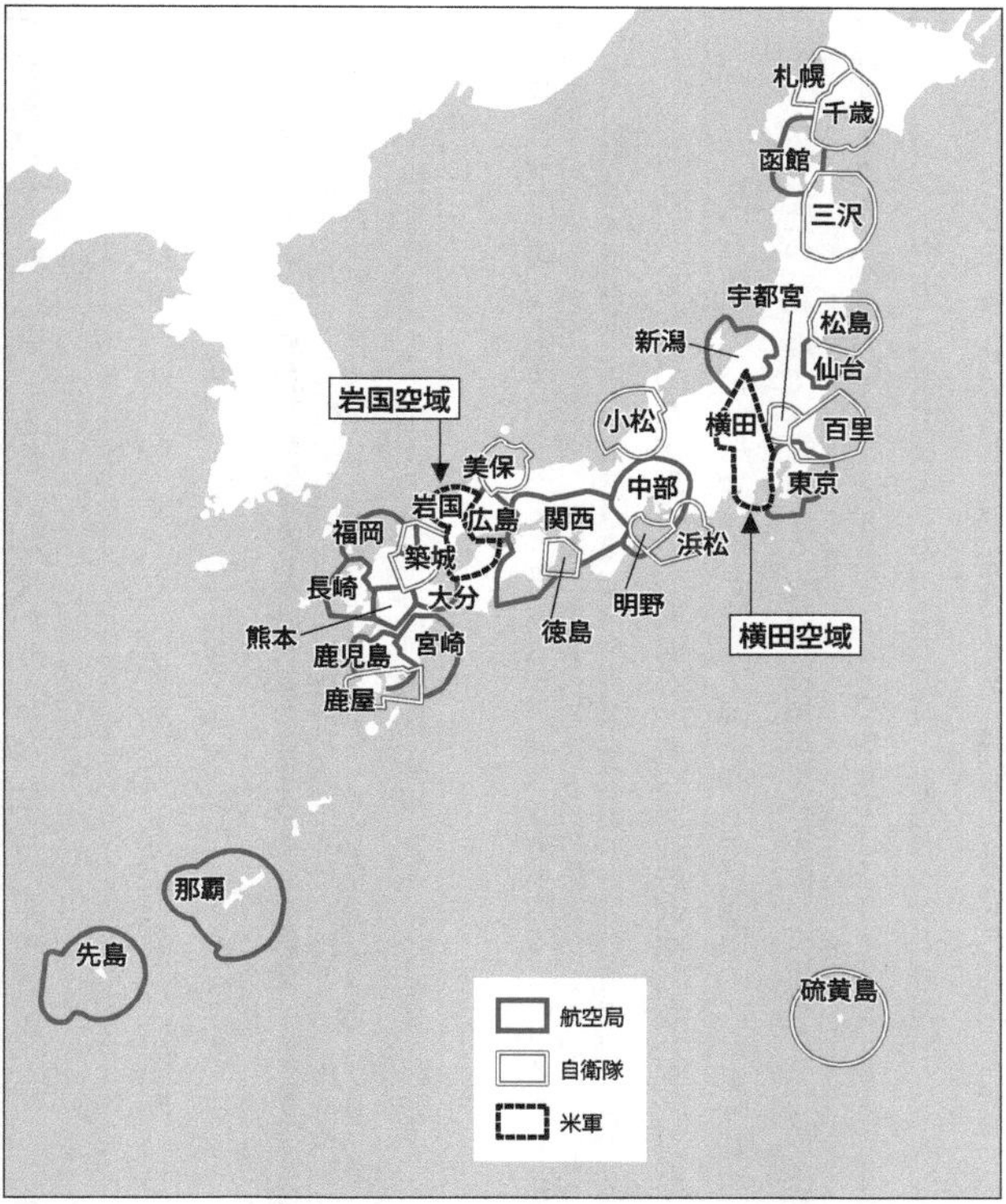

図10　日本における「進入管制区」（国土交通省ホームページ掲載資料をもとに作成／『「日米合同委員会」の研究』より）

管制業務の手順に関する合意が交わされた（『日米軍事同盟史研究』小泉親司著　新日本出版社　二〇〇二年）。

この合意の詳細は明らかでないが、このような実務的な手順が合意されたということは、日本政府が米軍に「横田空域」の管理をゆだねたことを意味する。

一九五九年七月には、同年六月四日の日米合同委員会の「航空交通管制に関する合意」（「五九年合意」）にもとづき、米軍基地の飛行場管制業務とその周辺（「横田空域」など）の進入管制業務を除いて、全国の航空管制業務が日本側に移管された。

＊注3　「飛行場管制業務」とは、飛行場の管制塔から基本的に目視で確認できる範囲内の航空機に無線通信などで指示をして管理すること。離着陸の許可、誘導路や滑走路での地上走行の許可などをおこなう。その管制業務が担当する範囲を「航空交通管制圏」という。民間航空機が発着する飛行場は、一部の自衛隊との共用飛行場を除いて国土交通省航空局が、自衛隊基地の飛行場では自衛隊が、米軍基地の飛行場では自衛隊との共同使用の場合を除いて米軍が、この業務にあたっている。

＊注4　「進入管制業務」とは、飛行場に設置されたレーダーと無線通信などを使い、離陸した航空機が適切な航空路に合流するまでの誘導・監視、着陸機に対する着陸コースへの進入順番の指示などをおこなうこと。その管制業務が担当する範囲を「進入管制区」といい、国土交通省の資料では、「飛

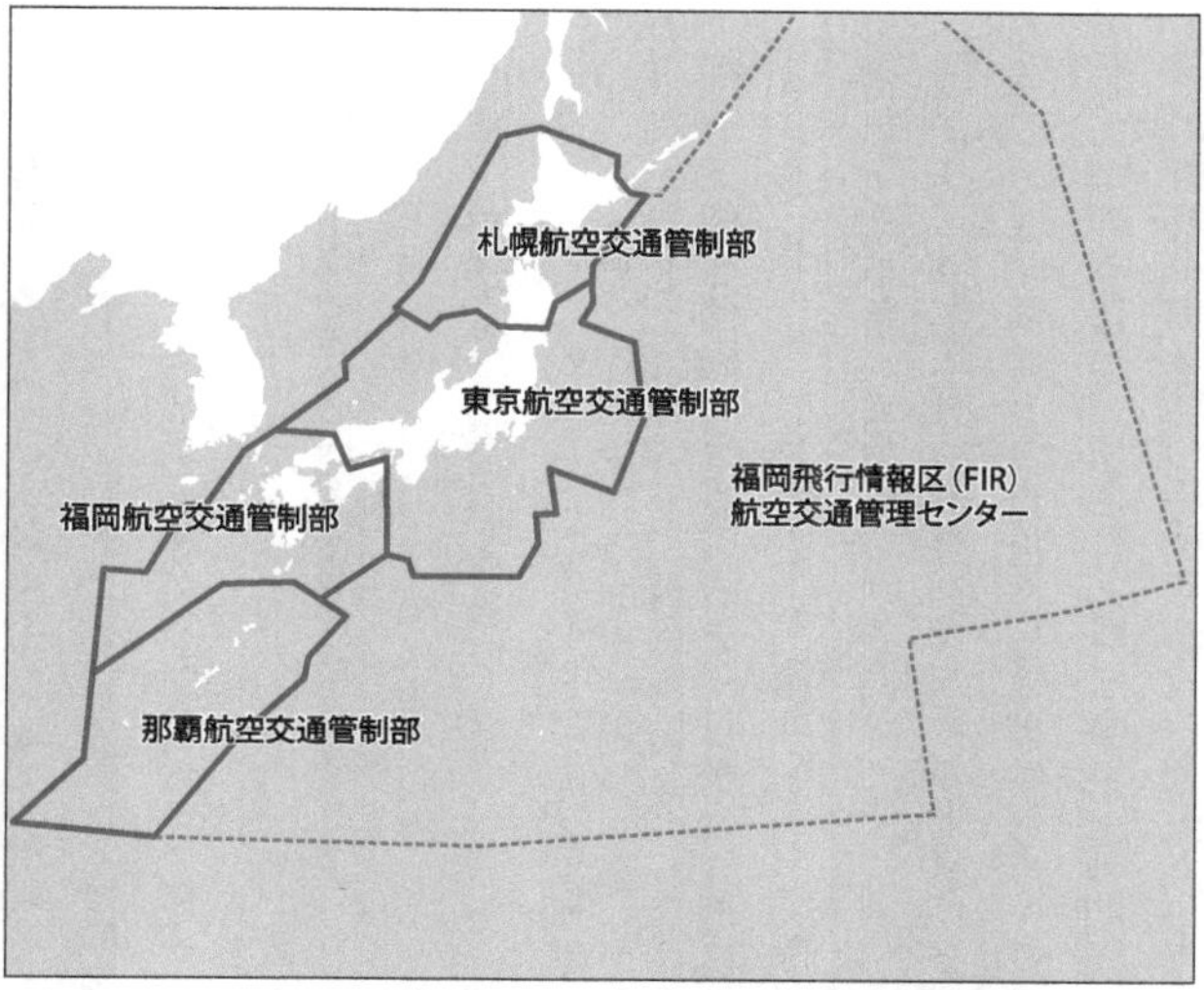

図11　日本とその周辺の飛行情報区と管制部管轄空域の略図（国土交通省ホームページ掲載資料をもとに作成／『「日米合同委員会」の研究』より）

行場からの離陸に続く上昇飛行、着陸のための降下飛行がおこなわれる一定の空域」と定義されている。「横田空域」と「岩国空域」はこれにあたる。日本には、図10のとおり三一ヵ所の「進入管制区」が設置されている。国土交通省航空局によるものが一五ヵ所、自衛隊によるものが一四ヵ所、米軍によるものが二ヵ所（「横田空域」と「岩国空域」）である。

＊注5

「航空路管制業務」とは、離陸した航空機が「進入管制区」を通過し、上空の航空路に合流してから飛行を続け、目的地の飛行場への着陸コースに進入するまでを管理すること。航空路監視レーダーを使って、各航空機の位置を把握し、パイロットに無線通信などで的確な飛行ルート、高度などを指示する。その管制業務が担当する範囲を「航空交通管制区」と呼ぶ。図11のように、札幌《さっぽろ》・東京・福岡・那覇《なは》と四つの航空交通管制部が置かれ、それぞれ担当する航空路管制の空域が設定されている。この業務はすべて国土交通省の航空管制官がおこなう。

密室の協議で既得権を認める

本来なら、この一九五九年七月に航空管制業務は日本側に全面的に移管され、独立国にふさわしく空の主権が確立されるべきであった。ところが、「横田空域」のような、米軍が進入管制業務を継続できる措置を、日米合同委員会で合意したのである。それは行政協定（現地位協定）第六条の軍事優先の趣旨によって特例的に認めたものである。米軍は航空管制の既得権を手放そうとはしなかったのだ。

つまり、日本政府は占領時代からの米軍による既成事実としての特権を承認したわけである。だから「事実上の問題として委任した」（56ページ）という表現になる。「事実上の問題として」の本質は、まさに〝既成事実上の問題として〟にほかならない。

その既成事実承認の手続きが、一九五九年五月の日米合同委員会の民間航空分科委員会の

第二九回会合で合意され、同年六月の日米合同委員会本会議で承認された「航空交通管制に関する合意」（「五九年合意」）である。外務省ホームページに載っているその要旨には、こう記されている。米軍基地とその周辺の空域の航空管制を特例扱いして、米軍の手にゆだねるというものだ。

「米軍に提供している飛行場周辺の飛行場管制業務、進入管制業務を除き、すべて、日本側において運営する」

この「五九年合意」が一九七五年五月の日米合同委員会において改正され、現行の「航空交通管制に関する合意」（「七五年合意」）となった。ただ、米軍による飛行場管制業務と進入管制業務は、表現を変えただけで継続された。米軍の既成事実としての特権が再認されたのである。外務省ホームページ上のその要旨は次のとおりだ。

「日本政府は、米国政府が地位協定に基づきその使用を認められている飛行場およびその周辺において引続き管制業務を行うことを認める」

こうした合意の要旨には、前出の外務省機密文書『日米地位協定の考え方・増補版』の説明に出てくる、航空管制業務の「委任」という言葉は使われていない。つまり「航空交通管制に関する合意」の「本文英語」すなわち正式な英文の合意文書にある「デレゲート」（委任）という言葉は、合意の要旨では削除されているのである。

おそらく日米合同委員会の日本側代表である外務官僚を中心とした高級官僚たちが、正式な合意文書の全文の代わりに公表する日本語の要旨を作成する際、「委任」ではなく、「認める」と書き換えたのだろう。一種の改ざんともいえる。

デレゲート（delegate）は「権限・任務・責任などを委任する、委譲する、委託する」という意味だ。ただ単に「認める」という幅の広い表現ではない。『日米地位協定の考え方・増補版』では、「『事実上の問題として委任した』という程度の意味」と、いかにも軽く扱うような言い回しだが、委任された米軍側・アメリカ政府側は決して軽く受け取らず、正式に権限・責任を委任されたのだから、「横田空域」などで航空管制をおこなうのは当然の権利だと重く受け取っているのではないだろうか。

これはよくよく考えると、大変奇妙なことではないか。日本政府、というよりも政治家のよく知らないところで一部の高級官僚たちが、密室で取り決めて、正式文書の本文英語を恣《し》意《い》的に訳して要旨をつくっているのだ。意図的な書き換え、あいまいな表現によって、さも日米が対等であるかのように装っているのではないかと考えられる。

このように『日米地位協定の考え方・増補版』にもとづいて検証してみると、米軍が占領時代からの既成事実の上にあぐらをかいて、日本の国内法上根拠がない航空管制を続け、さらに日本政府までもそれに追従していることが浮かび上がってくる。それをいいことに米軍は、「飛行場およびその周辺」から遠くはみだした広大な空域、横田基地のある東京都から群馬県や新潟県や長野県にまで達する上空を覆った「横田空域」を我が物顔で管理しているのである。

憲法体系を侵食する密約

日本の民間航空の安全を脅かし、円滑な運航を妨げ、日本の空の主権すなわち国家主権を侵害する空域の設置と米軍による航空管制を、日米地位協定上も、航空法上も法的根拠がないのに、日米合同委員会の合意のみによって、「事実上」の「委任」をしたなどという解釈で済ませてしまってもいいのか。

そもそも日米合同委員会の合意なるものは、それほどの効力を持っているのか。この重要なポイントに関して『日米地位協定の考え方・増補版』には、次のように驚くべき解釈が書かれている。

「地位協定の通常の運用に関連する事項に関する合同委員会の決定（いわゆる『合同委員会の合意事項』）は、いわば実施細則として、日米両政府を拘束するものと解される」

（前掲書）

「日米両政府を拘束する」とは、日米合同委員会での合意は日米両政府を拘束する効力を持つことを意味する。そこで合意された事項を日米両政府は必ず守らなければならず、それほどの大きな権限を日米合同委員会は持っているというのである。

そして、この外務省機密文書の記述とぴったり符合する文章が、在日米軍司令部の内部文書にも記されている。その文書は、「JOINT COMMITTEE AND SUBCOMMITTEES」（「合同委員会と分科委員会」、二〇〇二年七月三一日付、写真3）である。日米合同委員会に関する日米両政府の内部文書を入手するのはきわめて困難な中、私が独自に信頼できるルートを通じて入手できたものだ。

そこには、日米合同委員会の日米双方の代表は、それぞれの「政府を代表する立場」にあり、「合同委員会の合意は日米両政府を拘束する」と書かれている。

しかし、日米合同委員会が設置された法的根拠である日米地位協定には、「この協定の実施に関して相互間の協議を必要とするすべての事項に関する日本国政府と合衆国政府との間の協議機関として、合同委員会を設置する」（第二五条）との規定はあるが、「合同委員会の

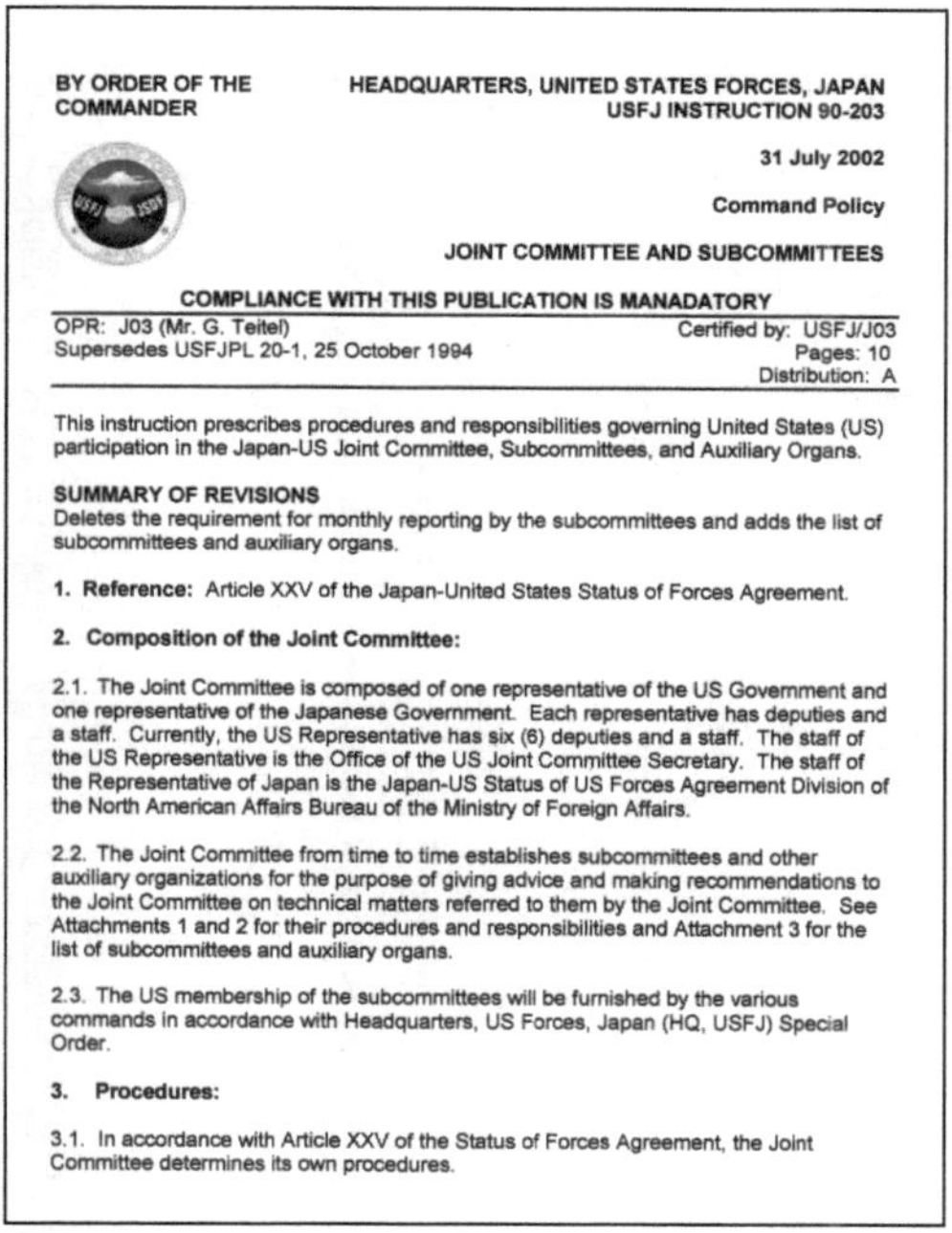

BY ORDER OF THE COMMANDER

HEADQUARTERS, UNITED STATES FORCES, JAPAN
USFJ INSTRUCTION 90-203

31 July 2002

Command Policy

JOINT COMMITTEE AND SUBCOMMITTEES

COMPLIANCE WITH THIS PUBLICATION IS MANADATORY

OPR: J03 (Mr. G. Teitel)
Supersedes USFJPL 20-1, 25 October 1994

Certified by: USFJ/J03
Pages: 10
Distribution: A

This instruction prescribes procedures and responsibilities governing United States (US) participation in the Japan-US Joint Committee, Subcommittees, and Auxiliary Organs.

SUMMARY OF REVISIONS
Deletes the requirement for monthly reporting by the subcommittees and adds the list of subcommittees and auxiliary organs.

1. **Reference:** Article XXV of the Japan-United States Status of Forces Agreement.

2. **Composition of the Joint Committee:**

2.1. The Joint Committee is composed of one representative of the US Government and one representative of the Japanese Government. Each representative has deputies and a staff. Currently, the US Representative has six (6) deputies and a staff. The staff of the US Representative is the Office of the US Joint Committee Secretary. The staff of the Representative of Japan is the Japan-US Status of US Forces Agreement Division of the North American Affairs Bureau of the Ministry of Foreign Affairs.

2.2. The Joint Committee from time to time establishes subcommittees and other auxiliary organizations for the purpose of giving advice and making recommendations to the Joint Committee on technical matters referred to them by the Joint Committee. See Attachments 1 and 2 for their procedures and responsibilities and Attachment 3 for the list of subcommittees and auxiliary organs.

2.3. The US membership of the subcommittees will be furnished by the various commands in accordance with Headquarters, US Forces, Japan (HQ, USFJ) Special Order.

3. **Procedures:**

3.1. In accordance with Article XXV of the Status of Forces Agreement, the Joint Committee determines its own procedures.

写真3　在日米軍司令部の内部文書、「JOINT COMMITTEE AND SUBCOMMITTEES」（「合同委員会と分科委員会」）の1枚目

合意は日米両政府を拘束する」などとはひと言も書かれていない。はっきり、「協議機関」と書かれている。

これは見過ごせない重大な問題である。憲法にもとづく国権の最高機関、国会にさえも公開せず、主権者である国民・市民とその代表である国会議員に対して秘密にしたまま、ごく限られた高級官僚と在日米軍高官とが密室で結んだ合意が、法的定義も不確かな「いわば実施細則」として、法律を超越して「日米両政府を拘束する」ほどの巨大な効力を有しているというのだ。

「航空管制委任密約」など、日本の主権を侵害する特権を米軍に与えた日米合同委員会の数々の密約が、主権者である国民・市民の目が届かない領域から、「日米両政府を拘束する」力をひそかに発していることになる。

日米地位協定で定められてもいない「日米両政府を拘束する」効力を、日米合同委員会の合意に持たせるということ自体が、合同委員会の密室で取り決められた密約そのものだといえる。

日米合同委員会の密室の合意が、憲法体系を侵食し、主権を侵害しているという異常事態である。しかもそのような合意がどれだけあるのかさえも定かではない。

第二章　「横田空域」を米軍が手放さない理由

横田は軍事空輸のハブ基地

それにしても、米軍が日本の空の主権を侵害し、「横田空域」を手放さない、返還しない理由は何だろうか。本章ではそこに焦点を合わせてみたい。

まず考えられるのは、次の点である。

「横田空域」を管理する米軍横田基地は、東京都の福生《ふっさ》市、羽村《はむら》市、瑞穂《みずほ》町、武蔵村山《むさしむらやま》市、立川市、昭島《あきしま》市にまたがっており、総面積は約七・一四平方キロ（東京ドーム約一五〇個相当）と広大である。

三三五〇メートルもの滑走路があり、米空軍の第三七四空輸航空団という部隊が配属されている。アメリカ本土、ハワイ、グアム、日本、韓国などにある米軍基地の間を、兵員や物資を乗せて行き来する大型輸送機（C５やC17など）などの中継拠点だ。すなわちアジア・西太平洋地域での軍事空輸のハブ基地である。

横田基地の監視活動を続けている地元の市民団体「羽村平和委員会」によると、横田基地への米軍機を主とする航空機の飛来回数は、二〇一三年から五年連続で毎年一万回を超える。二〇一七年の飛来回数トップは大型輸送機C17で二四三回、第二位が大型空中給油機・輸送機KC135で一一六回、第三位が大型輸送機C５で一〇四回だ。なお、これら飛来機とは別に、C130輸送機（一四機）やCV22オスプレイ（五機）など常駐機が連日、訓練で離着陸を繰り返している。

このように米軍は、横田基地に多くの輸送機や空中給油機などが、常に円滑に出入りできる状態を保たなければならない。そのため、羽田空港や成田空港を使用して計器飛行（47ページ）する民間航空機の空域内通過を制限し、米軍優先の空域（進入管制区）を広くとって確保しておく必要がある。

その必要性は、平時に加えて、朝鮮半島や台湾海峡など東アジアでの紛争、さらには中東での紛争など、有事（戦時）に備えたものでもある。前線に敏速に大量の兵員や物資を運ぶ輸送力は、戦争の勝敗を左右する。負傷兵を治療のため後方の基地に輸送することも重要だ。さらに輸送機だけでなく、出撃する戦闘機や爆撃機の円滑な出入りのための空域確保も必要となる。

有事に米軍人・軍属の家族や大使館関係者など在日アメリカ人が、米軍の輸送機やチャーター旅客機で本国へ避難するのにも横田基地を使う。空域確保の必要性は高い。

しかし、このように輸送機など米軍機の円滑な出入りの確保のためにしては、「横田空域」は広大すぎる。何も群馬県、新潟県、長野県、栃木県、福島県の上空にまで及ぶ必要はあるまい。

ところが米軍にとっては、この広大さにこそ大きなメリットがある。米軍機の低空飛行訓練や対地攻撃訓練（実弾射爆撃は伴わない）などのための訓練空域を確保できるからだ。それが「横田空域」を手放さないもうひとつの理由だろう。

オスプレイが首都圏の空を飛び回る

米軍が訓練空域の確保という観点から、「横田空域」をいかに重視しているかを示す米空軍の文書がある。「CV―22の横田飛行場配備に関する環境レビュー」（環境審査報告書、二〇一五年二月二四日付）である。フロリダ州ハールバート・フィールド基地に司令部を置く空軍特殊作戦軍団（AFSOC）が作成したものだ。

CV22とは、垂直離着陸機オスプレイの空軍向けの機体である。オスプレイは両翼の先端に回転翼（ローター）を備え、ヘリコプターのように垂直に離着陸する。回転翼の向きを水平に変えると、固定翼のプロペラ機のように高速で長距離の水平飛行ができる。海兵隊向けの機体はMV22と呼ばれ、二〇一二年一〇月から沖縄の普天間基地への配備が始まり、計二四機が配備されている。

横田基地には二〇一八年一〇月一日、CV22五機が正式に配備された（写真4）。二四年頃までに順次増やして計一〇機とする予定だ。その五機は一八年四月五日に横田基地に初め

写真4　横田基地に着陸するCV22オスプレイ

て飛来して以来、離着陸、ホバリング（空中停止）、旋回飛行などの訓練をひんぱんに繰り返している。

横田だけでなく、厚木基地（神奈川県綾瀬《あやせ》市・大和《やまと》市）、大和田《おおわだ》通信所（東京都清瀬《きよせ》市・埼玉県新座《にいざ》市）、所沢《ところざわ》通信基地（埼玉県所沢市）、自衛隊東富士演習場（静岡県御殿場《ごてんば》市・裾野《すその》市・小山町《おやまちょう》）でも同様の訓練をおこなってきた。

それらCV22は沖縄の嘉手納基地に本拠を置く米空軍第三五三特殊作戦群に所属している。その主要任務は、陸・海・空軍の精鋭の特殊作戦部隊を乗せて、夜間などに超低空飛行で最前線に送り込んだり、敵地後方に潜入させたりすることだ。

そのため、MV22よりも夜間飛行能力（赤外線暗視装置など）を強化している。超低空飛行用の地形追随装置（地形追随レーダーや赤外線センサーなどを用いる）、レーダー探知機能、電子妨害機能も備えている。特殊作戦機ＣＶ22オスプレイとも呼ばれる。

「ＣＶ―22の横田飛行場配備に関する環境レビュー」は、ＣＶ22オスプレイが配備された場合の環境に与える影響を、空域、騒音、大気質、危険物質、安全性、交通など各分野にわたって検討・評価した報告書である。原文は英語だが、日本語訳が防衛省ホームページに掲載されている。

この文書に「横田空域」の図（図12）が載っている。同空域の北半分を占め、最長部分で南北約一五五キロ、東西約一一〇キロ、群馬・新潟・長野・栃木・福島県の上空にまたがる、最高高度約七〇〇〇メートルの区分には、「Hotel Special Use Airspace」と記されている。直訳すれば「ホテル特別使用空域」となるが、日本語訳本文では「『ホテル』訓練区域」とある。

つまり、ＣＶ22オスプレイがこの訓練空域で、特殊作戦部隊を乗せて夜間もふくむ超低空飛行訓練（地上からの高度約一五～六〇メートル）などをすることが想定されているのだ。「ホテル」訓練区域は上記の五県にまたがる山岳地帯の上空である。地形の高低にそってなめるように飛ぶための地形追随装置を用いるなど、特殊作戦の訓練にも適しているのだろう。

ＣＶ22は横田基地に初飛来してから、この空域にふくまれる群馬県の上空を飛んでいるの

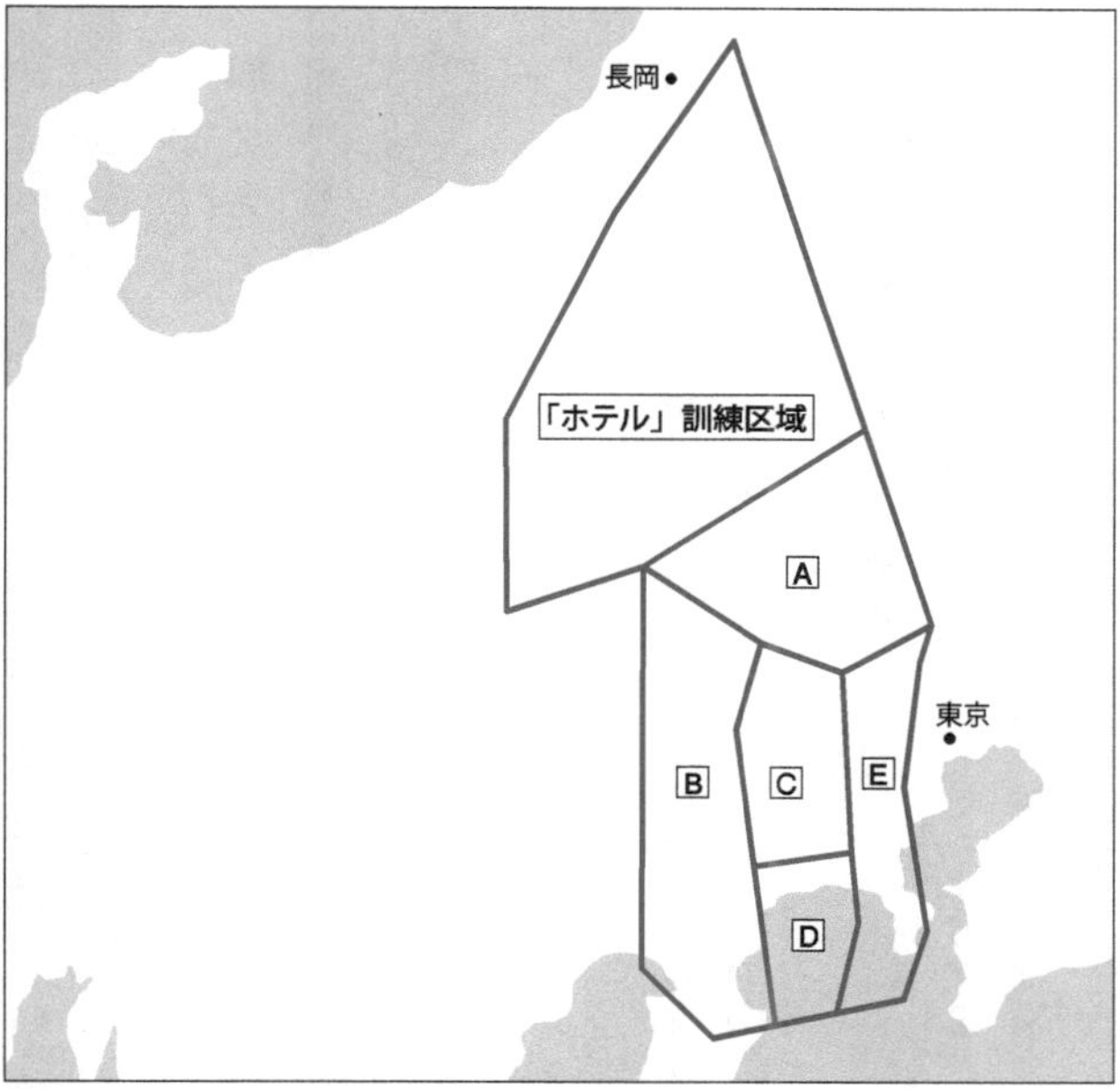

図12　「ホテル」訓練区域を示す「横田空域」の図（防衛省ホームページ掲載資料をもとに作成）

をたびたび目撃されている。海兵隊のMV22オスプレイも、沖縄から横田基地や厚木基地などをへて飛来し、訓練飛行をしたことがある。

この訓練空域の名称「ホテル」とは、世界共通の航空管制用語でアルファベットのHを指す発音の識別記号である。Aは「アルファ」、Bは「ブラボー」などAからZまでそれぞれ識別記号がある。航空無線の交信での聞きまちがいを防ぐためだ。

そして、この「ホテル」

訓練区域の名称は、もともとここが「エリアH」という自衛隊の高高度訓練／試験空域（地表面〜約七〇〇〇メートル）であることから来ている。「H」だから米軍は「ホテル」と呼んでいるのだ。

図13を見るとわかるが、この「エリアH」のほぼ半分を占める南東部分に、自衛隊の低高度訓練／試験空域（地表面〜約三〇〇〇メートル）「エリア3」が重なっている。ただし重なっていると言っても、それは平面図の上でそう見えるだけで、実際の立体的な空間において、その部分は「エリアH」からは除外されている。つまり地表面から約三〇〇〇メートルまでは「エリア3」の範囲なのである。その「エリア3」の部分より上、つまり約三〇〇〇〜約七〇〇〇メートルが「エリアH」にふくまれるというわけだ。

なお、自衛隊の訓練／試験空域では、自衛隊機や米軍機が訓練飛行と新型機の試験飛行などをおこなっているが、本書では以下、訓練空域の略称を用いることにする。

自衛隊の訓練空域を米軍が使用

米軍機はこれまで、この「エリアH」と「エリア3」が重なった空域で、群馬県の前橋《まえばし》市と渋川《しぶかわ》市の上空を中心に低空飛行訓練や対地攻撃訓練を長年続けてきた。訓練機は主に米海軍空母の艦載機（FA18戦闘攻撃機など空母に積まれて発着艦する軍用機）である。

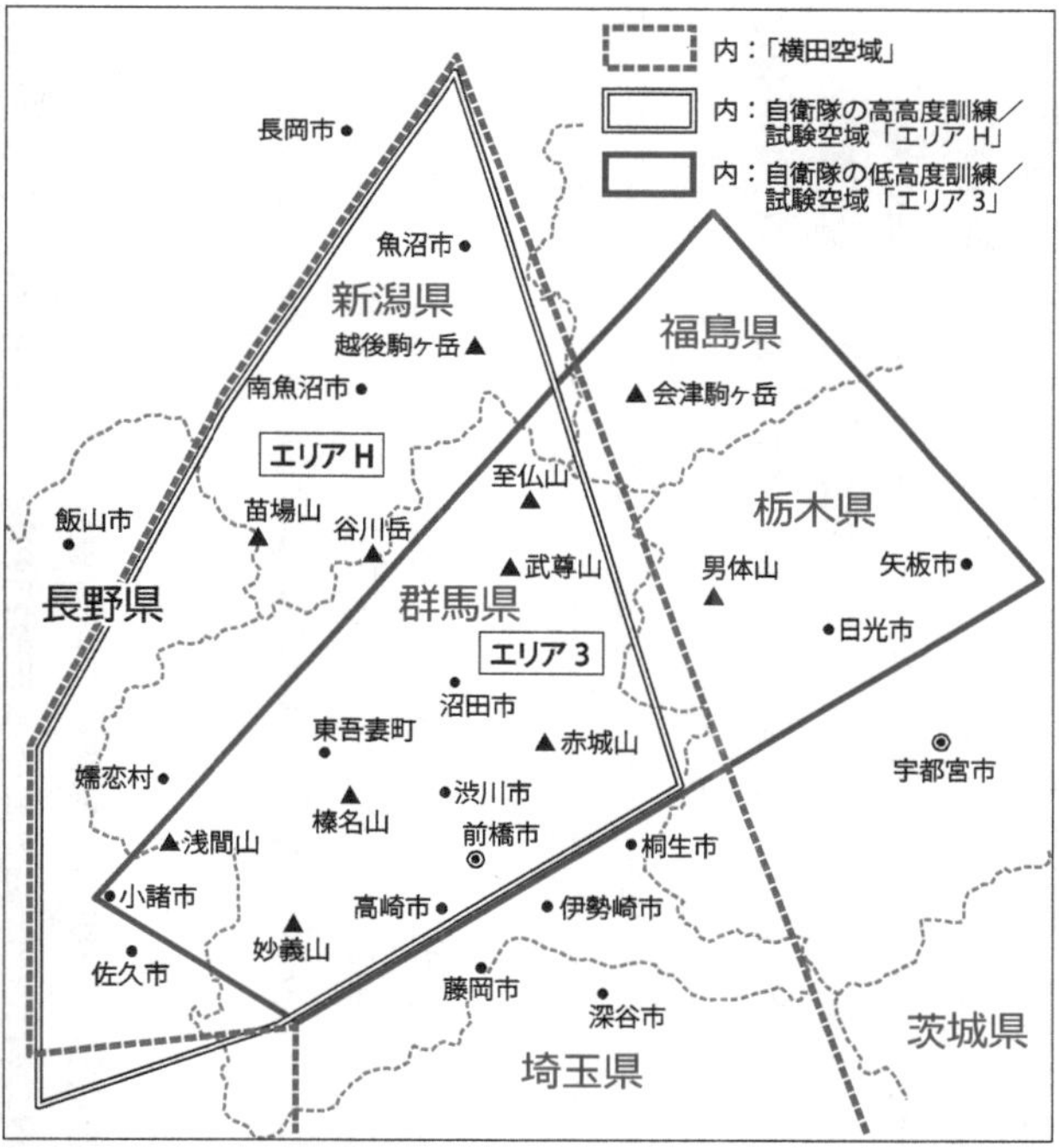

図13　自衛隊の訓練空域「エリアH」と「エリア3」の概略図（日本航空機操縦士協会「区分航空図関東・甲信越」をもとに作成）

米海軍は一九七三年から横須賀基地を空母の母港としている。空母が整備・修理などのため横須賀に寄港中、艦載機は厚木基地に移動し、そこの飛行場を拠点に訓練飛行をおこなってきた。「エリアH」と「エリア3」は、本来は自衛隊の訓練空域なのに、米軍に又貸しされて、もっぱら米軍機が使ってきたのが実態である。

「横田空域」と米軍機の訓練飛行の問題を国会質問で取り上げ、追及している塩川鉄也《しおかわてつや》衆院議員（共産党）によると、「横田空域」の進入管制は米軍が握っているため、計器飛行する民間航空機がこの空域内を通過しようとするのを制限できる。つまり「ホテル」訓練区域内への民間航空路の設定を、事実上拒めるのだ。さらに「ホテル」訓練区域と重なるかたちで、自衛隊訓練空域「エリアH」と「エリア3」が設定されているので、有視界飛行の民間機に対する空域内の通過制限を、自衛隊に実施させることができる（図13）。

「その結果、米軍は排他的に空域を使用でき、低空飛行訓練や対地攻撃訓練を思いどおりにできるという、米軍に有利な仕組みになっています。だから米軍は『横田空域』を手放さない、返還しないのです」（塩川議員）

自衛隊の訓練空域を管理する部署を「使用統制機関」という。「エリアH」と「エリア3」の使用統制機関は、航空自衛隊入間基地（埼玉県）の第二輸送航空隊本部である。訓練空域の運用時間帯は、「エリアH」が月曜～土曜の午前七時～午後九時（日曜は訓練空域とならない）、「エリア３」が毎日午前七時～午後九時だ。

塩川議員が入間基地を視察したときに、自衛隊側から受けた説明によると、米軍部隊から使用する前日までに、「電話・ＦＡＸで時間指定の連絡をもらい、使用可の了承を行う。機数、機種、コールサイン、時間帯を確認する」とのことである。コールサインは無線の呼び出し符号で、アルファベットや数字の組み合わせを用いる。

有視界飛行をするセスナやグライダーなど民間機が、「エリアＨ」と「エリア３」を通過したい場合は、入間基地に申請して許可を得なければならない。その際、飛行ルート、高度、入域・出域時間などの飛行計画を提出する。入間基地は自衛隊機や米軍機の訓練の状況を確認したうえで、空域を調整する。ただし、軍用機の訓練飛行が優先されるので、訓練中は原則として民間機の空域通過は許可されない。これが通過制限の仕組みである。

なお、上記の運用時間帯以外の深夜・未明にも米軍機が訓練飛行したケースもある。航空自衛隊が統制していない時間帯にあたる深夜・未明の飛行について、自衛隊側は関知していないという（『朝日新聞』群馬版二〇一二年五月三日朝刊）。

米軍はこのように民間機の空域内通過を制限することで、「横田空域」を巨大な「空の壁」で囲って、訓練エリアとしてフルに活用しているのだ。

群馬県が長年苦しむ米軍機の飛来

これまで群馬県上空では、米軍機の低空飛行訓練や対地攻撃訓練による騒音、墜落の危険などの問題が、長年にわたって引き起こされてきた。

群馬県渋川市の上空で米軍機（後に判明）の低空飛行訓練が初めて目撃されたのは、一九九一年七月八日である。市民団体「渋川平和委員会」の相川晴雄《あいかわはるお》さんから聞いた話によると、三機のジェット機が北西の吾妻《あがつま》渓谷の方角から爆音を放ちながら飛来。榛名《はるな》山と赤城《あかぎ》山の間にある渋川市の上空で、二機がまるで空中戦のように交差と旋回飛行を繰り返した。そのため市内のある小学校では、ジェット機の轟音《ごうおん》に児童たちが驚き、騒然となったという。

渋川平和委員会は自衛隊と防衛庁（現防衛省）に、「どこの戦闘機が飛んだのか。飛行目的は何か。今後も続けるのか。このような危険な低空飛行が許されるのか」と、抗議と調査の申し入れをした。しかし、「自衛隊機の訓練飛行ではない」との回答しかなく、真相は明らかにされなかった。

その後、ジェット機の低空飛行は断続的に続き、一九九五年から激化した。同年七月一〇日正午頃、複数のジェット機が爆音とともに渋川市上空に現れ、低空で急旋回を始めたという。凄まじい爆発音のような大音響が轟《とどろ》いた。ジェット機の超音速飛行による衝撃波が発生したのだった。超音速で飛ぶ機体による急激な空気の圧力変化が起き、それによって生じた波状の気体が、空気中を超音速で伝わる現象である。

「ジェット機が墜落して爆発したのかと思いました。近所の人たちも驚いて表に飛び出してきて、口々に不安の声をあげました。この衝撃波によって、渋川市南部と隣接する北橘《きたたちばな》村〔現渋川市〕で住宅や工場の窓ガラスが割れたり、蛍光灯が落下するなど、二三件にも及ぶ被害が生じたのです」（相川さん）

渋川市役所は市民からの苦情と被害者からの届出、渋川平和委員会の調査要求を受けて、防衛施設庁（現防衛省地方協力局）前橋防衛事務所に対し、「低空飛行回避と被害補償の要請書」を提出した。

一九九五年七月二七日、防衛庁から前橋防衛事務所を通じて渋川市に、「米軍機の飛行による被害だと確認したうえで、補償は防衛施設庁がするとの回答があった。これまで明らかにされなかったジェット機の正体が判明したのである。

しかし、住民の不安と抗議をよそに、その後も米軍機の低空での訓練飛行は続いた。飛来する米軍機は通常一～三機で、早いときは朝の七時から。日中だけでなく、夜間も遅いときは一〇時頃にまで及んだ。衝撃波による窓ガラスの破損など被害もたびたび起き、一九九五年～九七年だけでも計四三件に上った。

米軍機が厚木基地からの空母艦載機ＦＡ18戦闘攻撃機などであることもわかった。一九九六年四月に厚木基地で開かれた航空ショー会場において、空母インディペンデンス艦載機のパイロットたちが新聞記者に、群馬県の赤城山を上空から
「二回見た。エリアホテルやエリア３では十回ほど訓練飛行をした」、

「エリアホテルで数十回となく訓練飛行を続けた」、

「この飛行機は速いからね。（厚木基地から赤城山付近まで）十五分ほどで飛んでいける」、

「敵戦闘機に対するいろいろな訓練飛行をする」と語ったのである（『朝日新聞』群馬版一九九六年四月一六日朝刊）。

米軍機による対地攻撃訓練までも

「エリアホテル」は前述の自衛隊高高度訓練空域「エリアＨ」、「エリア３」は自衛隊低高度訓練空域「エリア３」を指している。まさに渋川市上空をふくむ群馬・新潟・長野・栃木・福島県にまたがる空域である。

そこで米軍機は単なる飛行訓練ではなく、対地攻撃訓練もしてきたと考えられる。軍事リポーターで元朝日新聞編集委員の石川巌《いしかわいわお》氏は、渋川市にある日本カーリット群馬工場、東京電力佐久発電所とサージタンク（約八〇メートル）、市内を流れる利根《とね》川の橋二本、関越自動車道の渋川伊香保《いかほ》インターチェンジ、ＪＲ上越線と渋川駅など、上空から見分けやすい建造

物などを、米軍機はターゲットに見立てているのではないかと指摘した（「米軍機、群馬県低空飛行訓練」『軍事研究』一九九五年一一月号　ジャパン・ミリタリー・レビュー）。

渋川平和委員会によると、日本カーリット群馬工場、東京電力佐久発電所とサージタンクなどに向かって米軍機が急降下しては急上昇するところが、渋川市内で目撃されている。それら建造物を標的とした対地攻撃訓練説を裏づけるものだ。

日本カーリット群馬工場は大きな化学工場である。そんな工場や発電所に米軍機が墜落でもしたら大惨事となる。住民は米軍機の爆音による騒音に悩まされるとともに、訓練飛行の危険性に不安をかきたてられた。

低空飛行訓練は、低空でレーダーの探知を避けながら敵地に侵入、奇襲攻撃をする技能を磨くためにおこなう。投下こそしないが模擬爆弾を積み、ダムや発電所など地上で目立つ建造物を標的に見立てるのが普通のやり方だ。通常、航空管制官の指示は受けずにパイロットの目視による有視界飛行方式で飛ぶ。

渋川平和委員会が可能な範囲で記録した「米軍機低空飛行監視記録」（表3）によると、一九九五年一月〜二〇〇五年一〇月の渋川市上空への米軍機の飛来日数は計一〇三〇日、飛来回数は計三六〇七回だった。*注6

その後、渋川市在住で渋川平和委員会会員の山田富美子《やまだふみこ》さんによる記録を、渋川平和委員

年	飛来日数	飛来回数
1995	24	62
1996	88	385
1997	59	222
1998	73	265
1999	116	437
2000	161	602
2001	130	433
2002	120	297
2003	87	245
2004	94	332
2005*	78	327

（2005年はデータが10月まで）

表3　渋川市上空の「米軍機低空飛行監視記録」（渋川平和委員会）

会がまとめた「米軍ジェット機爆音調査」（表4）によると、二〇一〇年三月から一八年三月（同年三月末に厚木基地の艦載機部隊が岩国基地への移駐を完了）までの間に、途中欠けている期間（一一年一月～九月）を除いて、渋川市上空への米軍機の飛来日数は計二〇五二日、爆音回数は計一万五二九七回だった。[*注7]

飛来回数にしても、爆音回数にしても、ほぼ米軍ジェット機によるものであることは確かである。なぜなら、渋川市とその周辺の上空は、高度約七〇〇〇メートルまでを「横田空域」が覆っているため、民間航空のジェット機は、はるかその上を飛び越えてゆくか、

年	飛来日数	爆音回数
2010（3月〜12月）	183	1239
2011（10月〜12月）	73	386
2012	297	2719
2013	299	2800
2014	303	2448
2015	295	2014
2016	282	1895
2017	251	1522
2018（1月〜3月）	69	274

表4　渋川市上空の「米軍ジェット機爆音調査」（渋川平和委員会の調査資料より集計）

迂回《うかい》しなくてはならない。米軍機のような低空飛行による大きな爆音として聞こえることは考えられない。

また、渋川市とその周辺の上空は自衛隊の訓練空域「エリアH」と「エリア3」が重なる空域だが、そこで米空母の艦載機部隊が低空飛行訓練をしていた時期は、後述するように事実上、米軍専用の訓練空域として使われていた（153ページ〜）。だから、自衛隊のジェット機が飛行したことはあっても、これらの記録がなされた時期の爆音は、ほぼ米軍機によるものとみていい。

米軍機の低空飛行訓練は渋川市上空から前橋市上空へも、さらに高崎《たかさき》市や沼田《ぬまた》市、伊勢崎《いせさき》市、安中《あんなか》市、富岡《とみおか》市、桐生《きりゅう》市、みなかみ町、中之条《なかのじょう》町などの上空へもひろがった。前橋市では、県庁付近の室内競輪場の上空を米軍機がひんぱんに飛び交った。その円形の大きな建物が対地攻撃訓練の標的にされたとみられる。

二〇一三年三月一一日には、四機のFA18戦闘攻撃機が前橋市と渋川市などの上空を行き来しながら、横転・背面飛行と降下を繰り返す様子を、地元のアマチュア写真家が目撃、そのうち一機の動きを連続撮影した。在日米軍の監視活動をする市民団体「リムピース」は、「対地攻撃訓練ではないか」と指摘した（『朝日新聞』二〇一三年四月一一日夕刊）。

横転・背面飛行や宙返りといった曲技飛行は難度が高く、危険性も高い。そのため航空法により、人や家屋が密集する地域上空では原則禁止である。しかしこの規定は、日米地位協定に伴う航空法特例法で、米軍機に対しては適用除外となっている。

米軍機は傍若無人にも、人口が密集する市街地上空でも危険な曲技飛行をおこなうのである。航空法特例法で最低安全高度の遵守が適用除外にされているのと同じく、米軍の特権を認める特例法がもたらす弊害である。

この曲技飛行事件の直後、二〇一三年三月二七日に、前橋市議会は米軍機の低空飛行訓練の即時中止を求める意見書を全会一致で採択した。

＊注6　飛来回数は、五分に一回爆音が聞こえたら一回の飛来と数えたという。まだ五分経過しないうちに爆音が聞こえても、それは一回とは数えなかった。米軍機は渋川市とその周辺の上空を、平均で約五分間かけて旋回飛行するのが通常のパターンだったからである。そこで、五分経過してから渋川市上空で爆音が聞こえたら、新たに一回の飛来と数えたのである。

＊注7　爆音回数は、記録者の住居がある一帯の上空で爆音が聞こえる度に一回と数えたという。前出の飛来回数とは数え方が異なっている。

米軍に特権を与える航空法特例法

航空法特例法はわずか三つの条文からなる。

その第一条では、米軍の飛行場や航空保安施設については、航空法の第三八条第一項の規定、すなわち飛行場や航空保安施設の設置に際し、「国土交通大臣の許可を受けなければならない」という義務は適用しないと定めている。つまり米軍基地の飛行場や米軍機の飛行を援助する電波・灯光施設などを設置するのに、日本政府の許可は要らないというわけだ。

第二条では、米軍機やアメリカ政府のチャーター機とその乗組員には、航空法の第一一条、第二八条第一項など計一〇の条項の規定（「耐空証明」のない航空機の飛行禁止、「騒音基準適合証明」の義務、有資格者以外の操縦教育禁止、外国航空機が日本国内で飛行するための許可を得る義務など）は、適用しないと定めている。

第三条では、米軍機やアメリカ政府のチャーター機とその乗組員には、航空法の第六章（第五七条〜第九九条の二）の規定を、飛行計画の通報などに関する第九六条〜第九八条及び第九九条の二を除いて適用しないと定めている。

その第六章の規定は「航空機の運航」に関するもので、夜間飛行での灯火義務、飛行禁止区域の遵守、最低安全高度の遵守、速度制限の遵守、衝突予防義務、編隊飛行の禁止、粗暴操縦の禁止、曲技飛行の禁止など、航空機の安全飛行のために守らねばならない多くの重要事項、義務、そして禁止事項である。航空法特例法の第三条では、それらを一括して米軍には適用除外にし、免除しているのである。

このように航空法の適用除外があるため、米軍はこれら多くの義務・遵守・禁止の規定を免れる特権を得ている。

だから、米軍機は騒音基準など関係なしに、騒音公害をもたらす爆音を放ちながら、最低安全高度も守らずに、日本各地で危険な低空飛行訓練などを続けていられる。航空法で定めた最低安全高度は、人口密集地では航空機から水平距離六〇〇メートルの範囲内の最高障害物（建築物）の上端から三〇〇メートル、それ以外の所では地面や建築物や水面から一五〇メートルだ。米軍機には日本の法令の規制が及ばないのである。

防衛省が発表している苦情のリスト

群馬県における米軍機の低空飛行訓練が、いかに住民に騒音被害などをもたらしてきたか。防衛省がまとめた全国的な「米軍機の飛行に係る苦情等受付状況表」（以下、「苦情等受付状況表」）に、深刻な実態が表れている。

この表は、住民や自治体から電話やFAXやメールで、防衛省の出先機関（地方防衛局、地方防衛事務所など）に寄せられた苦情で、防衛省が米軍に問い合わせて米軍機と特定できたものを集計したものだ。

自治体が複数の住民からの苦情を取りまとめて防衛省側に伝えた場合、それは一件と数えられる。したがって、実際に苦情を寄せた人数は件数よりもはるかに多い。なお「苦情等受付状況表」には、三沢《みさわ》・横田・厚木・岩国など米軍航空基地周辺と沖縄県での苦情は、対象外としてふくまれていない。

「苦情等受付状況表」は、前出の塩川鉄也衆院議員が、防衛省に対し国会質問用に資料請求して提出させた。同議員のホームページには、都道府県別の一覧表（表5）が載っている。

苦情の件数は、群馬県が最も多い。一覧表になっている二〇〇七年四月～一七年七月だけでも、計一七〇一件に上る。県内の二四市町村（前橋市、渋川市、高崎市、伊勢崎市、桐生市、

年	2007	2008	2009	2010	2011	2012	2013	2014	2015	2016	2017	県別計
北海道	—	1	2	—	4	—	3	—	—	—	—	**10**
青森県	3	6	2	5	—	—	3	—	—	—	—	**19**
秋田県	—	—	1	6	14	3	5	1	3	—	—	**33**
岩手県	—	—	—	1	3	8	4	—	2	—	—	**18**
山形県	—	—	—	—	1	—	2	—	—	—	—	**3**
宮城県	—	1	3	—	1	1	—	—	—	—	—	**6**
福島県	—	1	—	—	—	—	—	—	—	—	—	**1**
東京都	—	—	—	2	—	3	15	—	3	—	6	**29**
埼玉県	—	—	—	—	—	10	10	14	38	35	4	**111**
群馬県	62	219	123	215	141	256	334	128	76	101	46	**1,701**
長野県	1	7	2	8	1	5	10	1	5	18	31	**89**
新潟県	1	5	—	—	—	—	—	1	—	—	—	**7**
栃木県	—	—	—	—	—	—	3	4	9	8	2	**26**
茨城県	—	1	1	—	—	—	—	3	3	—	—	**8**
千葉県	—	—	—	—	1	1	—	—	—	—	—	**2**
神奈川県	—	—	1	—	1	1	1	3	1	—	—	**8**
静岡県	1	—	1	2	2	2	1	—	—	—	—	**9**
山梨県	—	1	11	4	6	8	2	2	—	5	—	**39**
岐阜県	—	—	—	1	—	—	—	—	—	—	—	**1**
愛知県	—	—	—	1	1	—	—	—	—	—	—	**2**
三重県	—	2	—	—	—	—	—	—	—	—	—	**2**
奈良県	—	—	—	—	—	—	—	—	—	—	—	**0**
和歌山県	—	1	—	2	2	2	5	1	1	4	—	**18**
京都府	—	—	—	—	—	—	—	—	—	—	—	**0**
兵庫県	—	2	—	—	1	—	—	1	—	1	—	**5**
福井県	—	—	—	—	—	—	—	1	—	—	—	**1**
鳥取県	—	—	—	—	—	—	—	8	25	13	—	**46**
島根県	3	3	3	—	12	22	38	48	73	58	37	**297**
岡山県	3	—	—	—	3	—	3	3	10	2	—	**24**
広島県	3	3	2	4	4	6	13	39	31	15	8	**128**
山口県	—	—	—	—	—	1	—	—	—	—	—	**1**
徳島県	—	3	—	1	3	5	12	8	41	21	3	**97**
香川県	—	—	—	—	—	—	—	—	—	—	—	**0**
愛媛県	—	1	—	1	7	3	4	1	3	3	—	**23**
高知県	—	—	—	—	3	4	17	16	54	17	8	**119**
福岡県	—	—	—	—	—	—	—	—	—	1	1	**2**
長崎県	—	—	—	—	—	—	—	—	—	1	—	**1**
熊本県	2	3	—	—	3	6	2	2	—	—	—	**18**
大分県	—	—	—	1	8	37	25	38	15	16	8	**148**
宮崎県	1	—	—	3	2	2	1	—	5	—	2	**16**
鹿児島県	—	4	9	12	8	26	37	28	15	18	24	**181**
合計	**80**	**264**	**161**	**269**	**232**	**412**	**550**	**351**	**413**	**337**	**180**	**3,249**

表5　2007年4月〜17年7月の都道府県別の米軍機の飛行に関する苦情件数一覧（塩川鉄也衆院議員のホームページより）

富岡市、沼田市、藤岡《ふじおか》市、安中市、太田《おおた》市、みどり市、みなかみ町、吉岡《よしおか》町、箕郷《みさと》町〔現高崎市〕、中之条町、玉村《たまむら》町、長野原《ながのはら》町、東吾妻《ひがしあがつま》町、下仁田《しもにた》町、榛東《しんとう》村、片品《かたしな》村、上野《うえの》村、昭和《しょうわ》村、富士見《ふじみ》村〔現前橋市〕）の住民から苦情が寄せられた。そのうち大半が前橋市、渋川市、高崎市の住民からのものである。

前述のように「苦情等受付状況表」では、自治体が複数の住民からの苦情を取りまとめて伝えた場合、一件と数えられるが、一件ごとの内訳として人数が記されている。群馬県での苦情を寄せた人数は合計すると、のべ六五四四人に達する。

たとえば二〇一七年一月二四日・二五日の「苦情等受付状況表」（表6）を見ると、二四日の午後四時頃と午後五時から六時三〇分頃にかけて、前橋市・高崎市・伊勢崎市・桐生市・安中市・玉村町の上空を、複数のジェット機が低空で飛行。住民二二人から群馬県庁と前橋市役所と安中市役所に苦情が寄せられ、それらを取りまとめて群馬県企画部地域政策課が防衛省北関東防衛局に伝えた。また、前橋市民二人、伊勢崎市民一人、高崎市民二人が直接、北関東防衛局に苦情を寄せた。

電話とメールによるそれらの「苦情の区分」は「生活妨害（騒音、恐怖、体調変化）」で、次のような苦情内容が例示されている。

「17時過ぎ頃、県庁の近くをジェット機らしきものが飛んでいる。大変うるさく恐ろしいの

米軍機の飛行に係る苦情等受付状況表（平成２９年１月分）

北関東防衛局

整理番号（受付日）	苦情等申出者（苦情等申出者数）	飛行日時	飛行地域	苦情の区分	苦情等の概要		備考
					飛行状況	苦情等の内容	
						とすれば、苦情の概要についてお伝えいただき、飛行について配意するよう米側に要請するよう要望あり。 ・自治体別受付件数：群馬県1件	
群馬 2016-No. 44 (29. 1. 24 及び25)	群馬県地域政策課 （住民２２人） 前橋市住民２人 伊勢崎市住民１人 高崎市住民２人	29. 1. 24(火) 16:00及び 17:00～18:30 頃	前橋市、 高崎市、 伊勢崎市、 桐生市、 安中市及び 玉村町付近	生活妨害 (騒音、 恐怖、 体調変化)	・機種：ジェット機 ・機数：複数機 ・飛行方向：不明 ・飛行高度：低空	・17時過ぎ頃、県庁の近くをジェット機らしきものが飛んでいる。大変うるさく恐ろしいので何が飛んでいるのか教えて欲しい。 ・米軍機が低空飛行で大変うるさい。止めるようにしてもらいたい。 ・17:30頃、埼玉から前橋の方向へ低空でジェット機が3機飛行して、非常にうるさいし、恐ろしかった。ジェット機の騒音で体調が悪い。子供もジェット機の音に恐怖感を持っている。 ・ジェット機のエンジン音が大変煩い。ここ2、3年たまにではあるがジェット機の音が大変うるさいので止めてもらいたい。 ・午後6時頃から、3～4回通過した。最初は高かったがだんだん低くなった。騒音は不安になるので、米軍に止めるよう伝えてほしい。	・電話及びメールによる申出 ・米軍回答「飛行を認める」 (29. 1. 25)

表6　米軍機の飛行に係る苦情等受付状況表の一部（塩川鉄也衆院議員のホームページより）

で何が飛んでいるのか教えて欲しい」

「米軍機が低空飛行で大変うるさい。止めるようにしてもらいたい」

「17：30頃、埼玉から前橋の方向へ低空でジェット機が3機飛行して、非常にうるさいし、恐ろしかった。ジェット機の騒音で体調が悪い。子供もジェット機の音に恐怖感を持っている」

「ジェット機が飛んでいて、すごい爆音だ。何が飛んでいるんだ。言い続けているのに改善されない」

このように口々に騒音のひどさを訴えている。たとえば防衛省北関東防衛局が前橋市の群馬県昭和庁舎と渋川市の同県渋川合同庁舎に設置した、航空機の騒音の自動測定装置による、測定結果の統計（二〇一六年四月～一七年一二月）では、米軍機の騒音値は平均で七〇dB（デシベル）台から八〇dB台。最大で九六dBの日もあった。

dBは騒音を測る単位で、音の大きさの目安としては、六〇dBが普通の話し声、七〇dBが電話のベル音（距離一メートル）、八〇dBがボウリング場内や乗用車通過時、九〇dBがパチンコ店内や交通量の多い交差点に等しいとされる。ちなみに一〇〇dBは電車通過時のガード下、一一〇dBは自動車の警笛、一二〇dBはビル工事現場に等しい。

測定結果は七〇dB以上の航空機騒音について記載している。上記の期間中、七〇dB以上の騒音の発生を測定した日数と回数は、前橋で計二三四日（一ヵ月平均約二一日）、計三九三回（一ヵ月平均約一九回）、渋川で計一九六日（一ヵ月平均約九日）、計二九四回（一ヵ月平均約一四回）である。

「苦情等受付状況表」には、このような「生活妨害」の苦情内容が続出する。それらをタイプ別に分けて、具体的な事例を表にまとめてみた（表7）。

米軍のダブルスタンダード

このように「苦情等受付状況表」からは、米軍機が昼も夜も爆音を放って低空で飛び回り、急降下・急上昇を伴う対地攻撃訓練や危険な曲技飛行までしていた実態が明らかになる。その激しい騒音に住民が悩まされ、平穏な生活を妨げられていた様子、不安と恐怖を覚え、墜病気になりそうだ」、「うるさくて、うつ病になった」、「動悸（どうき）が凄くて体調が悪くなる」、「心臓病があるので苦しくて気分が悪くなった」、「現在病気療養中なので、騒音や家の振動が気になる」、「自分はパニック障害で爆音を聞くたびに心臓がドキドキし、かなりのストレスでそのつど薬を飲んでいる」、「家畜が落ち着かない」

⑤ 米軍や日本政府に怒りを示し、抗議するもの

「非常に怒っている」、「国防のためとはいえ、怒りがこみあげる」、「前橋市は戦場か！」、「部品を落下させたのに飛行しているのは許せない」、「受験生がいるのに困る」、「公立高校の試験日なのにひどい」、「今日は全県で小学校の卒業式をしている日なのに、許されるのか」、「なぜ群馬県の上空を米軍ジェット機が飛ぶのか」、「ここはアメリカの空ではなく、日本の空であり、こんなことでは困る」、「米軍の飛行機はアメリカ本土で訓練すればいい」、「米国では飛ばない市街地上空を日本で飛ぶのはおかしい」、「このような飛び方は違法ではないのか」、「エリアHとかは米軍の治外法権なのだろう。日本人を愚弄（ぐろう）しているとしか思えない」、「米軍と日本で何か取り決めがあるのか」、「そもそも日本の上空を飛んでもいいのか」、「飛ぶなら住民に情報を知らせるべきではないか」、「何度も電話しているが、一向に収まらない」、「安倍政権は何をしているんだ」

⑥ 訓練飛行の中止などを求めるもの

「厳重に米軍に中止を申し入れてほしい」、「病人がいるからやめてほしい」、「米軍や大使館に直接要請に行ったり、米議会に書面を送ったりしてはどうか」、「市街地を飛ばないようにしてほしい」、「訓練が必要なことは理解するが、日中に高度を上げて飛べばいい」、「この時期は入試が始まる時期なので、厳重に抗議してほしい」、「防衛省は米軍にただ苦情を伝えるだけでなく、騒音測定をして客観的なデータをもって伝えてほしい」、「オスプレイの訓練も群馬県でおこなわれるとのことで、墜落の危険性や騒音に対して防衛省はどのように考えているのか」、「米軍に対し、飛ぶなとは言わないが、飛ぶならいつ飛ぶのか、米軍は国に対して事前通告すべきではないか。また、国は米軍がいつ飛行するのか市民に説明すべきではないか」「防衛省が飛行予定や内容をなぜ把握していないのか」

① 訓練飛行の実態を示すもの

「ジェット機が二五回くらい旋回飛行していた」、「パイロットの顔や三角尾翼が見えるくらい低い」、「屋根の上すれすれの高さで、大きな音をたてて飛んで行った」、「急上昇・急降下を繰り返している」、「アクロバット飛行をしている」、「攻撃目標を定めているよう」、「マンションが目標にされているようだ」、「県庁上空で一気に高度を下げた」、「夜中にも航空機の騒音がする」、「酷いときは朝四時頃に飛行することがある」、「連休中何度も飛来した」、「小学校の上を二機が低空飛行していた」、「入院患者のいる伊勢崎市民病院の近く及び上空を飛行機が何度も飛んでいる」

② 騒音や振動のひどさを訴えるもの

「上空を今、爆音をたてて旋回している。非常にうるさい」、「雷のような音」、「我慢できない」、「会話ができない」、「テレビの音も聞こえない」、「うるさくて仕事にならない」、「受験勉強に集中できない」、「夜勤明けなのにうるさい。四日連続で飛んでおり、気が休まらない」、「凄い騒音で家が揺れた」、「ドンという振動が身体にこたえる」、「窓ガラスが破損した」、「蛍光灯が落下した」、「仕事から帰ってゆっくり休みたい時間なので何とかしてほしい」、「騒音が凄くて子供が眠れない。今すぐ中止しろ」、「静かな夜を返してほしい」

③ 恐怖感・不安・墜落や部品落下など事故の危険性を訴えるもの。

「街の上を飛ぶことに恐怖を感じるので、飛行を中止してほしい」、「落ちてきそうな恐怖感を覚える」、「子供が怖がって泣いている」、「子供の下校時で墜落しそうで不安」、「部品でも落ちたらどうする」、「この周辺は化学工場がたくさんあり、大きなタンクも多数ある。事故があった場合、誰が責任をとるのか」、「沖縄で米軍の戦闘機墜落があったのに訓練をしているとは何なんだ。もし民家に墜落したり、住民が被害を受けたらどうするんだ」、「授業ができない状態で、生徒が不安がっている」、「病気を持っているので不安になる」、「戦争中を思い出して怖い」、「まるで戦時中のようだ」、「沖縄の人の気持ちがわかる」

④ 体調の変化や体調不良を訴えるもの

「頭が痛くなる」、「目まいがしてくる」、「イライラする」、「うるさくて寝られない」、「ノイローゼになりそうだ」、「気が狂いそうだ」、「ストレスがたまって

表7　群馬県での米軍機の騒音に関する「苦情等受付状況表」における苦情内容の事例

落の危険に脅かされてきた現実が浮き彫りになる。心身の不調を訴えた人たちも少なくない。忍耐の限界を超える騒音、市街地上空での危険な低空飛行、受験シーズンも卒業式の日も無視する訓練の強行などに対し、怒りの声を上げ、中止を求めた人びとも多い。なぜ日本の空でこのようなひどい訓練飛行ができるのか、日本政府はどうしてそれを放置し、止めさせられないのかという疑問と抗議も噴き出した。

そもそも米軍はアメリカ本国では、このような市街地、人口密集地の上空での危険な低空飛行訓練はしていない。日本政府も国会答弁において、そのことを認めている。

「米国本土において人口密集地の上空を米軍機が訓練目的で飛行することがあるか否かについては、詳細については外務省として承知をしてはいない。低空飛行訓練に関していえば、これを人口密集地の上空で行うことがあるとは承知していない」

（二〇一〇年五月二〇日、参議院外交防衛委員会、福山哲郎《ふくやまてつろう》外務副大臣）

また、国立国会図書館の調査員による報告書「米・NATO軍の低空飛行訓練」（鈴木滋著『調査と情報』第二八三号　一九九六年四月　国立国会図書館）によると、北米（アメリカ、カナダ）とヨーロッパでは、米軍やNATO軍（北大西洋条約機構軍）は、「極力、人口密集地を避け、各種の制約要因から解放された広大な空域を訓練用に確保している」という。

特に北米においては、低空飛行訓練、空中戦訓練、電子戦訓練など広範な訓練ができる「多目的訓練空域」が設定されており、訓練環境は日本でのそれとかなり異なる。

「北米における低空飛行訓練の特色は、その多くが人口密集地帯から離れた地域において行われていることで、周辺住民への環境上の影響は絶無とまではいえないにしても、わが国の場合と比較すれば、かなり抑制されている」（同報告書）

アメリカでは、米軍機の低空飛行訓練は主にアリゾナ州やネバダ州などの「人口密集地から遠く離れている」広大な砂漠地帯などの低空飛行・対地攻撃訓練用の空域でおこなわれ、「民間機を排除した訓練環境が整備」されている。

このようにアメリカでは、人口密集地上空の低空飛行訓練はおこなわれていない。だから、米軍機の爆音による騒音や墜落・部品落下事故などに関しては、自然公園の環境破壊、野生生物に与える生理的影響、歴史的建造物が破壊されるおそれなど、「自然環境への悪影響が問題にされる傾向」にある。

日本での米軍機による低空飛行訓練が、「常に人家や公共施設等への墜落の危険をはらみながら行われており、直接、周辺住民に及ぼす環境上のリスクが極めて大きい」のとは、きわめて対照的なのである。

「日本の空と米軍の欠陥機」(布施祐仁著『世界』二〇一二年九月号　岩波書店)でも、米空軍の公式文書「低空飛行訓練に関するファクトシート」の内容が紹介されており、アメリカでは「ほとんどの低空飛行訓練は日中に行い、人口密集地域の近くでの訓練は禁止される」とある。

このように米軍は、アメリカ本国では禁じられている人口密集地域での低空飛行訓練を、日本ではおこなってきたのである。いかに米軍のダブルスタンダードがまかり通っているかがわかる。そして、日本政府はそれを黙認している。

米軍に都合のいい日米合同委員会の合意

県民からの苦情を取りまとめる群馬県も、苦情内容をふまえて防衛省に抗議・要請を繰り返している。「苦情等受付状況表」には、そうした抗議・要請が列挙されている。たとえば次のようにだ。

「三日間も苦情が続き、県で受けた苦情が一〇件を超えた。目視で七機が同時に飛行しているのを確認した。短時間であれば良いが、三時間もの長い間飛ばれると、住民も我慢できない。せめて低空でなく高い所を飛ぶ等何らかの対応をしてほしい。県には三時間電話が鳴りっぱなしである」

「度重なる要請にもかかわらず、昼夜を問わず県民の不安をあおるような飛行が継続されていることは誠に遺憾である。このような飛行の中止を強く〔米軍に〕要請してほしい」

「飛行の即刻中止を要請する」

「祝日のうち、3日（4／29、5／4及び5／5）飛行しているのは、日米合同委員会合意事項の『日本の祭日における低空飛行訓練を、米軍の運用即応態勢上の必要性から不可欠と認められるものに限定する。』を遵守しているとは言い難い」

「今年〔二〇一〇年五月〕に入ってから、既に群馬県等で受けた苦情件数は５７０件に上がっており、日米合同委員会合意事項の『日本の地元住民に与える影響を最小限にする。』を遵守しているとは言い難い」

「『人口密集地域等に妥当な考慮を払う』とされた日米合同委員会の合意事項に抵触しているのではないか」


ここに出てくる「日米合同委員会の合意事項」とは、一九九九年一月一四日に日米合同委員会において合意、公表された「在日米軍による低空飛行訓練について」である。一九九〇年代に、群馬県だけではなく全国各地で激化した米軍機の低空飛行訓練に対し、住民や自治体が抗議運動を起こし、国会でも取り上げられた結果、日米両政府が一定の対処を示したものだ。合意文書は外務省ホームページに掲載されている。

この合意では、米軍機の低空飛行訓練を、「日米安全保障条約の目的を支えることに役立つ」軍事訓練の一環で、「戦闘即応体制を維持するために必要」な技能の錬成だと位置づけている。

そのうえで米軍は、「低空飛行訓練を実施する際に安全性を最大限確保」し、「日本の地元住民に与える影響を最小限にする」と表明した。そして、六つの具体的な合意事項を取り決めた。要約すると次のようになる。

① 米軍は低空飛行訓練を実施する区域を継続的に見直す。米軍機は原子力エネルギー施設や民間空港などの上空を回避し、人口密集地域や学校・病院など公共の安全に関わる施設には妥当な考慮を払う。

② 米軍は国際民間航空機関（ＩＣＡＯ）や日本の航空法が定めた最低高度基準を用いており、同一の米軍飛行高度規制を適用している。

③ 定期的に訓練区域の安全性評価を点検する。

④ 米軍機の乗員は飛行経路を念入りに研究し、乗員と整備要員は離陸前に機体の点検を

し、安全な任務遂行を確保する。

⑤週末と祭日における低空飛行訓練を、米軍の運用即応態勢上の必要不可欠な場合だけに限定する。

⑥アメリカ政府は、低空飛行訓練による被害に関する苦情処理の連絡態勢を改善するよう、日本政府と引き続き協力する。

合意は骨抜き状態

このように日米両政府間の合意はあるものの、実際は「苦情等受付状況表」の苦情内容や群馬県の抗議・要請からもわかるように、米軍が「安全性を最大限確保」し、「日本の地元住民に与える影響を最小限に」しているとは言いがたい。

合意事項は人口密集地域や学校・病院などの上空の飛行を禁止しているわけではなく、「妥当な考慮を払う」というあいまいな表現で、結局は米軍側のさじ加減にまかせている。だから米軍機はおかまいなしに、学校や病院の上もふくめて市街地上空を飛び回る。危険な曲技飛行、急降下・急上昇も止めない。

週末と祭日の訓練は、「運用即応態勢上の必要不可欠な場合だけに限定」としながらも、本当に必要不可欠なのかどうか第三者が検証できる仕組みもない。米軍の都合しだいというのが実情である。

「航空法が定めた最低高度基準を用いて」とあるが、人口密集地で三〇〇メートル、それ以外では一五〇メートルという最低安全高度基準を、米軍機が守らずに飛んでいるケースは全国各地で繰り返し目撃されている。

最近でも、米空軍三沢基地（青森県）のＦ16戦闘機が、岩手県と青森県の内陸部上空で低空飛行訓練をした際、岩手県一戸町《いちのへちょう》の高森高原風力発電所の風車（七八メートル）よりも低い高度で飛ぶ様子を、操縦席から撮影した動画が二〇一八年四月二日付でインターネットの動画サイトに投稿された。「ＵＳＡミリタリーチャンネル」というサイトで、三沢基地所属のＦ16が日本の山岳地帯上空で、低空飛行訓練を実施しているとの説明がされていた。米軍パイロット自身が搭乗機から撮影した映像という証拠を前に、米軍側もその事実を認めざるをえなかった。

日米合同委員会の合意で、航空法の最低安全高度基準を用いるといくら謳《うた》っても、その基準がそもそも航空法特例法で米軍には適用除外となっている以上、実効性がきわめて薄いのは目に見えている。航空法特例法を改正して、米軍に対しても適用すると改めないかぎり、危険な低空飛行は防げない。

「原子力エネルギー施設」の上空を回避するともあるが、二〇〇七年四月〜一三年三月だけでも、青森県の東通原発や愛媛県の伊方原発など原子力エネルギー施設上空での、米軍機の飛行が計七件確認されている。防衛省もその事実を認めている。

結局は、どのような訓練飛行をするのか、米軍の都合しだいでどうにでもなる合意内容である。日本政府が米軍に厳守させる強制力を伴った規制措置ではなく、守るも守らないも米軍まかせなのである。

第一章で述べたように、日米合同委員会の密室協議では、米軍優位の日米地位協定を土台に、米軍側は基地の運営や訓練など軍事活動を円滑に進めることを最優先に協議にのぞむ。ほとんどの場合、米軍に有利な合意が結ばれるのが実態である。要するに、低空飛行訓練に関する日米合同委員会の合意は、米軍の都合のいいように骨抜きにされているのである。

トラブル続きのオスプレイ

「苦情等受付状況表」を通じて、群馬県での米軍機の低空飛行訓練による騒音被害などが浮き彫りになった。

ただ、二〇一七年八月に始まった空母艦載機部隊の厚木基地から岩国基地への移駐が、段階的に進み、一八年三月に完了したのに伴い、群馬県上空での米軍機の低空飛行訓練は減少した。爆音による騒音も大幅に減った。

群馬県企画部地域政策課によると、住民からの苦情件数は、二〇一八年四月と五月で合わせて六件しかなかった。その六件もすべて米軍機の騒音によるケースかどうかわからないという。なぜなら、一七年八月から米軍側が防衛省による問い合わせに、「運用上の都合」を理由に答えなくなったため、米軍機かどうか確認できないからだ。

この点について防衛省は、「米軍は昨年八月以降、個別の米軍機の飛行の有無などについては、運用上の理由等から原則として逐一明らかにしないとして、〔防衛省からの〕照会に対する回答が得られなくなった」と説明し、そのうえで住民からの苦情について、「米軍に伝え、地元の方々の生活に与える影響を最小限にとどめるよう求める方針には何ら変更はない」としている（二〇一八年四月一三日、衆議院内閣委員会、深山延暁《みやまのぶあき》地方協力局長の答弁）。

国会でこの答弁を引き出した前出の塩川鉄也議員は、こうした米軍と防衛省の対応を、「米軍機の訓練飛行の実態を隠蔽《いんぺい》するものだ。従来どおり米軍機かどうか確認して明らかにすべきだ」と批判する。

「沖縄だけでなく日本全国で、米軍機の訓練による騒音被害や墜落・部品落下など事故の危険がまかり通っていて、多くの住民から苦情が寄せられている。それを米軍に伝えるのは当たり前のことです。そのときに、やめてくれ、改めよと求める前提として、米軍機かどうかの確認をまずしておかなければならないじゃないですか。米軍側から回答しないと言われて、

『はい。わかりました』と引き下がって済む問題ではありません。米軍側が回答しないのを、そのまま放置するのか。こんなことで国民の声を代弁できるのか。国民の要求をしっかりと踏まえる日本政府としての役割を果たせるのか。そこが問われているのです」

空母艦載機の岩国基地への移駐後、爆音による騒音被害が同基地周辺で増大した。さらに、島根県と広島県にまたがる一帯でも増大した。そこは自衛隊の高高度訓練空域「エリアQ」と低高度訓練空域「エリア7」が設定され、以前から米軍機の低空飛行訓練が激しかったところだ。ほぼ「岩国空域」の中にふくまれており、事実上米軍専用の訓練空域と化している。空母艦載機の移駐は騒音問題のたらい回しといえ、根本的な解決にはほど遠い。

また、空母艦載機が厚木基地を使わなくなったわけではない。在日米海軍司令部は厚木基地の使用について、「〔岩国基地への〕移駐後も重要な基地で訓練や給油、整備のため折に触れ、使用する」との見解を表明した（『朝日新聞』二〇一八年四月一日朝刊）。現に移駐した空母艦載機が厚木基地に飛来もしている。岩国基地に移った空母艦載機が必要に応じて、厚木基地を中継拠点とし、群馬県上空で低空飛行訓練をおこなうこともあり得る。

空母艦載機に代わって、将来的に群馬県上空での低空飛行訓練の主役になるとみられるのが、垂直離着陸機のオスプレイである。前述のように、二〇一八年一〇月に横田基地に配備された空軍のCV22オスプレイは、群馬県を中心に五県の上空にまたがる「ホテル」訓練区域を使用する。同年四月に横田基地に初飛来してから、前橋市、太田市、伊勢崎市などの上空を飛んでいるのがすでに目撃されている。

海兵隊のMV22オスプレイもこの空域で低空飛行をしているのを目撃されており、その情報は「苦情等受付状況表」にも載っている。たとえば二〇一七年三月二二日、群馬県高崎市と安中市の上空を低空で飛ぶ二機のMV22が目撃された。住民五人から群馬県庁に次のような苦情が寄せられた。

「矢中中学校上空を低空飛行した。学生達が恐怖を感じている」
「子どものいる学校の上を飛ぶのは危険だ」
「自宅上空を低空飛行し、肉眼ではっきり見え、恐怖を感じた」
「大きな音で驚いた。もう少し高いところを飛ぶように言ってほしい」

このように住民の間から不安の声が上がるのも無理はない。オスプレイは表8のとおり、これまで墜落やエンジン発火、油圧系統の故障、緊急着陸などトラブルを繰り返し、安全性に大きな懸念を持たれているのである。

1991年	6月11日	試作段階の機体がアメリカで初飛行の離陸に失敗して、2人が負傷
1992年	7月20日	試作段階の機体がアメリカで、着陸直前のエンジン出火のため川に墜落し、7人が死亡
2000年	4月8日	初期生産段階の機体がアメリカで、夜間の兵員輸送を想定した訓練中、着陸のため降下中に機体がコントロールできなくなって墜落。19人が死亡
	12月11日	初期生産段階の機体がアメリカで夜間飛行中に、機器の不具合のため操縦できなくなり墜落。4人が死亡
2010年	4月9日	CV22がアフガニスタンで夜間に砂漠への着陸に失敗して横転。4人が死亡し、16人が負傷した
2011年	7月7日	MV22がアフガニスタンで離陸中、後方ドアが誤って開いたため、1人が転落して死亡
2012年	4月11日	MV22がモロッコ沖で強襲揚陸艦から発進して旋回中に、追い風を受けて墜落し、2人が死亡し、2人が重傷を負った
	6月13日	CV22がアメリカで2機編隊で訓練飛行中、1番機の後方乱気流により、2番機の揚力が低下し、樹木に衝突し墜落。5人が負傷した
2013年	6月21日	MV22がアメリカで訓練中に火災が発生し大破
	8月26日	MV22がアメリカで訓練中に着陸に失敗し炎上
2014年	10月1日	MV22がペルシャ湾で強襲揚陸艦から発進した直後に、一時的に動力を失い、1人が死亡した
2015年	5月17日	MV22がハワイで離着陸訓練中に墜落し、2人が死亡
	12月9日	MV22がアメリカ西海岸沖で輸送揚陸艦への着艦に失敗
2016年	12月13日	MV22（普天間基地所属）がMC130特殊作戦機との空中給油訓練中に、給油ホースがMV22の回転翼に接触し、回転翼が破損して、沖縄県名護市の海岸に墜落（日米両政府は不時着水と発表）、2人が負傷した。
	12月13日	MV22（普天間基地所属）が普天間基地に胴体着陸
2017年	1月29日	MV22がイエメンで作戦中、着陸に失敗
	6月6日	MV22（普天間基地所属）が米軍の伊江島補助飛行場（沖縄県）に緊急着陸
	6月10日	MV22（普天間基地所属）が奄美空港（鹿児島県）に緊急着陸
	8月5日	オーストラリア沖でMV22（普天間基地所属）がドック型揚陸艦に着艦しようとして揚力を失って墜落し、3人が死亡した
	8月29日	MV22（普天間基地所属）が大分空港（大分県）に緊急着陸した。エンジン付近から発煙
	9月29日	MV22がシリアで墜落し、2人負傷した
	9月29日	MV22（普天間基地所属）2機が新石垣空港（沖縄県）に緊急着陸
2018年	2月9日	MV22（普天間基地所属）が飛行中に落下させた部品が、沖縄県伊計島の海岸で発見された
	4月25日	MV22（普天間基地所属）2機が奄美空港に緊急着陸
	6月4日	CV22（横田基地配備予定）2機が奄美空港に緊急着陸

表8　オスプレイの主な事故・トラブル関連年表（新聞記事データベースなどをもとに著者作成）

オスプレイ機体の構造上の問題

防衛省は、ＭＶ22オスプレイの事故率の直近のデータとして、二〇一七年九月末時点で3・24と発表している。事故率とは、飛行時間一〇万時間あたりの重大事故の発生件数を指す。米軍は、被害総額が二〇〇万ドル（約二億二七〇〇万円）以上か、死者が出るような事故を「クラスＡ」の重大事故と分類し、事故率を算出している（『朝日新聞』二〇一八年二月一六日朝刊）。

同時期の米海兵隊の航空機全体の事故率は2・72だから、ＭＶ22オスプレイの事故率は全体の平均よりも高いことになる。二〇一二年に普天間基地にオスプレイが配備された当時の事故率は1・93だった。事故率は明らかに上昇している（『朝日新聞』二〇一七年一一月九日朝刊）

ＣＶ22オスプレイの事故率はＭＶ22よりも高い。重大事故である「クラスＡ」の事故率は二〇一七年九月末の時点で、4・05にも上る。特殊作戦機としてより過酷な運用、危険度の高い訓練をする必要があるからだろう。

このように事故が多発し、事故率も上がっているオスプレイは、軍事専門家からも安全性を疑われ、「欠陥機」とも呼ばれている。米軍と日本政府は否定するが、オスプレイの機体には次のようないくつもの構造的欠陥があると、軍事専門家から指摘されている。

① オートローテーション機能がない。
② 後方乱気流にきわめて弱い。
③ 空中給油時に回転翼が空中給油機のホースと接触して損傷しやすい。
④ 油圧・電気・機械系統が複雑でトラブルが起きやすい。
⑤ 離着陸時のダウンウォッシュ（吹き下ろし）が激しく、機体が不安定になりやすい。
⑥ 離着陸時の風圧が強く、巻き上がる砂塵《さじん》をエンジン部などに吸い込みやすい。

オートローテーションとは、万一、飛行中にエンジンが停止したとき、機体落下時の下方からの気流を利用して自動的に回転翼を回転させ、揚力を得て滑空し、緊急着陸する機能を指す。日本政府はオスプレイにもその機能があると主張する。

しかし、製造元のベル・ボーイング社のガイドブックや、米国防長官に専門的な知見を提供する国防分析研究所の元主任分析官アーサー・レックス・リボロ氏の指摘からも、オートローテーション機能が備わっていない実態が明らかになっている。

普天間基地にＭＶ22が配備された当時の森本敏《もりもとさとし》防衛大臣も、国会（二〇一二年七月三一日、衆議院安全保障委員会）で、オートローテーションについて、実際の飛行機を使って訓練するのではなく、シミュレーション（模擬訓練）で体験することを通じて練度を高めるシステムになっているという内容の答弁をした。オスプレイのオートローテーション機能は実証できないことを、事実上認めたものといえる。

二〇一六年一二月の沖縄での墜落事故は、ＭＣ１３０特殊作戦機との空中給油訓練中に、ＭＶ22オスプレイの回転翼が給油ホースと接触して壊れたために起きた。米軍の事故調査報告書によると、回転翼が壊れ、機体が激しい振動に見舞われてバランスを失い、飛行が維持できなくなって海岸の浅瀬に不時着水したという。実質的には墜落である。米軍の説明では、パイロットの操縦ミスが事故の原因とされている。

しかし、オスプレイの左右の回転翼が大きすぎて、空中給油時に空中給油機の給油ホースと接触して損傷しやすいという機体の構造が、根本的な問題としてあるのは確かだ。

二〇一七年八月五日にオーストラリア沖でＭＶ22がドック型輸送揚陸艦への着艦に失敗して墜落した事故も、一五年一二月九日のアメリカ西海岸沖でＭＶ22が輸送揚陸艦への着艦に失敗した事故も、米軍の事故調査報告書によると、着艦時の激しいダウンウォッシュの下降気流が、揚陸艦の船体に当たってはねかえり、それが回転翼に還流して揚力を失わせたことが原因である。

米軍は機体そのものに問題はなかったとしているが、ダウンウォッシュが激しくて機体が不安定になりやすいという、機体の構造上の問題が根底にある。

横田基地はオスプレイの訓練拠点

こうした安全性に大きな問題のあるオスプレイが、墜落の危険をふりまきながら日本各地の空を飛び交っている。東日本でのオスプレイの訓練飛行の拠点になっているのが、CV22も配備された横田基地である。市民団体「横田基地の撤去を求める西多摩《にしたま》の会」の代表で、横田基地の状況に詳しい高橋美枝子《たかはしみえこ》さん（羽村平和委員会）に話を聞いた。

横田基地にMV22オスプレイが初めて飛来したのは、二〇一四年七月一九日。普天間基地所属の二機が、北海道にある陸上自衛隊の丘珠《おかだま》駐屯地での展示に向かう途中、給油のために立ち寄った。

その後も飛来を繰り返し、給油や機体の整備などをしながら、陸上自衛隊の東富士演習場（静岡県）、北富士演習場（山梨県）、相馬原《そうまがはら》演習場（群馬県）、関山《せきやま》演習場（新潟県）などでの訓練や演習に参加してきた。

羽村平和委員会の基地監視記録によると、MV22オスプレイの横田基地での離着陸回数（離陸と着陸それぞれ一回と数える）は、二〇一四年が三六回、一五年が六二回、一六年が四八回、一七年が一二六回、一八年（一一月下旬までの時点で）が五七回である。

二〇一七年に急増したのは、同年三月六日〜一七日の相馬原演習場と関山演習場での、米海兵隊と陸上自衛隊の日米共同訓練に際し、普天間基地からMV22六機が三月五日に飛来し、以後一八日間、横田基地を拠点に飛び回ったからだ。

「六機のオスプレイは横田基地にいすわって、相馬原や関山や東富士での訓練・演習に出かけてはもどってきました。東京都から埼玉、群馬、長野、新潟、静岡県にかけての地域の上空を往復していたわけです。オスプレイはさらに基地周辺の人口の密集した市街地上空を旋回飛行し、滑走路でタッチ・アンド・ゴーやローパスなどの訓練もしました。この期間だけで離着陸回数は一〇四回にも上ったのです」

タッチ・アンド・ゴーとは着陸態勢から滑走路に接地した直後すぐに上昇する訓練、ローパスとは滑走路すれすれに超低空で通過する訓練である。横田基地はオスプレイの中継拠点としてだけではなく、実戦的な訓練場にもなっているのだ。二〇一八年もMV22の飛来は続き、一月には離着陸回数五〇回を数え、旋回飛行、タッチ・アンド・ゴー、ローパスを繰り返した。

「MV22だけでもすでに危険な訓練飛行を繰り返してきました。そして、空軍のCV22オスプレイが二〇一八年四月に初飛来して実質的な配備が始まり、一〇月に正式配備されて、もっと大変なことになっています」

特殊作戦に備えた実戦的訓練が拡大

羽村平和委員会の基地監視記録によると、二〇一八年四月五日にCV22オスプレイが横田基地に初めて飛来してから同年九月末までに、横田基地での離着陸と離着陸訓練（タッチ・アンド・ゴー）の回数（離陸一回、着陸一回、離着陸訓練一回と数える）は、合計で五五一回にも上った。さらに同年一〇月一日の正式配備から一二月末までの間でのそれは、二五〇回余りに及ぶ。

正式配備後、CV22オスプレイの訓練ぶりは、日中だけでなく、夜の九時四〇分頃までおこなわれたりするなど、エスカレートしている。民家から数十メートルしか離れていない基地の端の方で、ホバリング（空中停止）するなど、住民に深刻な騒音と振動の被害を与えている。ホバリングは数時間に及ぶこともある。

低空での旋回飛行の範囲も福生市、瑞穂町、羽村市、昭島市など横田基地周辺から、青梅《おうめ》市、あきる野《の》市、八王子《はちおうじ》市、日野《ひの》市など、多摩地域の広範囲に及んでいる。市街地の上空を夜間に無灯火で飛ぶところも目撃されている。さらに、埼玉、神奈川、群馬、茨城、長野、静岡、福島など関東・中部・東北地方の各県でも、CV22の飛行が目撃されている。高橋さんはCV22の特殊作戦に備えた訓練の拡大を、こう説明する。

「ＣＶ22の訓練パターンとしては、横田基地を午後四時頃に離陸して、旋回飛行訓練に出かけ、一時間半ほどでもどり、一時間くらい休んでからまた旋回飛行訓練に出て、午後九時半頃に帰着するというものです。着陸の前にタッチ・アンド・ゴーをすることが多く、ロープスの訓練をすることもあります。基地内で空中にとどまるホバリングをしながら、ロープで兵員を吊《つる》すホイスト（吊《つ》り下げ・吊り上げ）訓練もしています」

「夜間の訓練が多く、ホバリングやホイストの訓練もしているのは、特殊作戦に備えたものです。夜間、敵地に低空で潜入して、特殊作戦部隊の隊員をロープで吊り下ろしたり、脱出時に吊り上げたりすることを想定しているのです。二〇一八年一〇月には、東富士演習場に飛んで、沖縄の嘉手納基地所属の空軍の特殊作戦部隊員をパラシュート降下させる訓練もしました」

防衛省の説明などによると、ＣＶ22は横田基地で離着陸訓練、人員降下訓練、物資投下訓練、編隊飛行訓練、夜間飛行訓練をするとされている。どの訓練も墜落や部品落下の危険を伴う。パラシュートを使う人員降下と物資投下の訓練では、パラシュートが流されたり、うまく開かなかったり、パラシュートから物がはずれたりして、空から人や物が落ちてくる危険もある。ＣＶ22は、横田基地ではまだパラシュートを使った訓練はしていないが、いずれおこなうと考えられる。その危険性を高橋さんが指摘する。

「すでに横田基地では、基地に常駐するＣ１３０輸送機からのパラシュートによる人員降下と物資投下の訓練が二〇一二年から繰り返しおこなわれ、事故も起きているのです」

パラシュート降下訓練の事故

二〇一三年八月二二日、Ｃ１３０輸送機からの人員降下訓練中、本来は基地内に降下すべきなのに、ひとつのパラシュートが基地に隣接するＩＨＩ瑞穂工場の敷地に落下した。その事実を米軍側もそしてなぜかＩＨＩ側も認めなかったが、四年後、同工場の元従業員の話から、落下の事実は確認された。

また二〇一七年一一月一五日には、Ｃ１３０輸送機からの物資投下訓練中、パラシュートに付けていた箱がはずれて基地内に落下した。その瞬間を羽村平和委員会のメンバーが撮影していた。米軍は事故が起きたことを認め、落ちた箱の重さは三〇キロで、滑走路の一部が陥没したことも明らかになった。

さらに、二〇一八年四月一〇日、Ｃ１３０輸送機からの人員降下訓練中、パラシュートの一部が、横田基地の北西約五〇〇〇メートルの羽村市立羽村第三中学校のテニスコートに落下する事故が起きた。

各種報道によると、当日、高度約三八〇〇メートルを飛行中のＣ１３０輸送機から、米軍

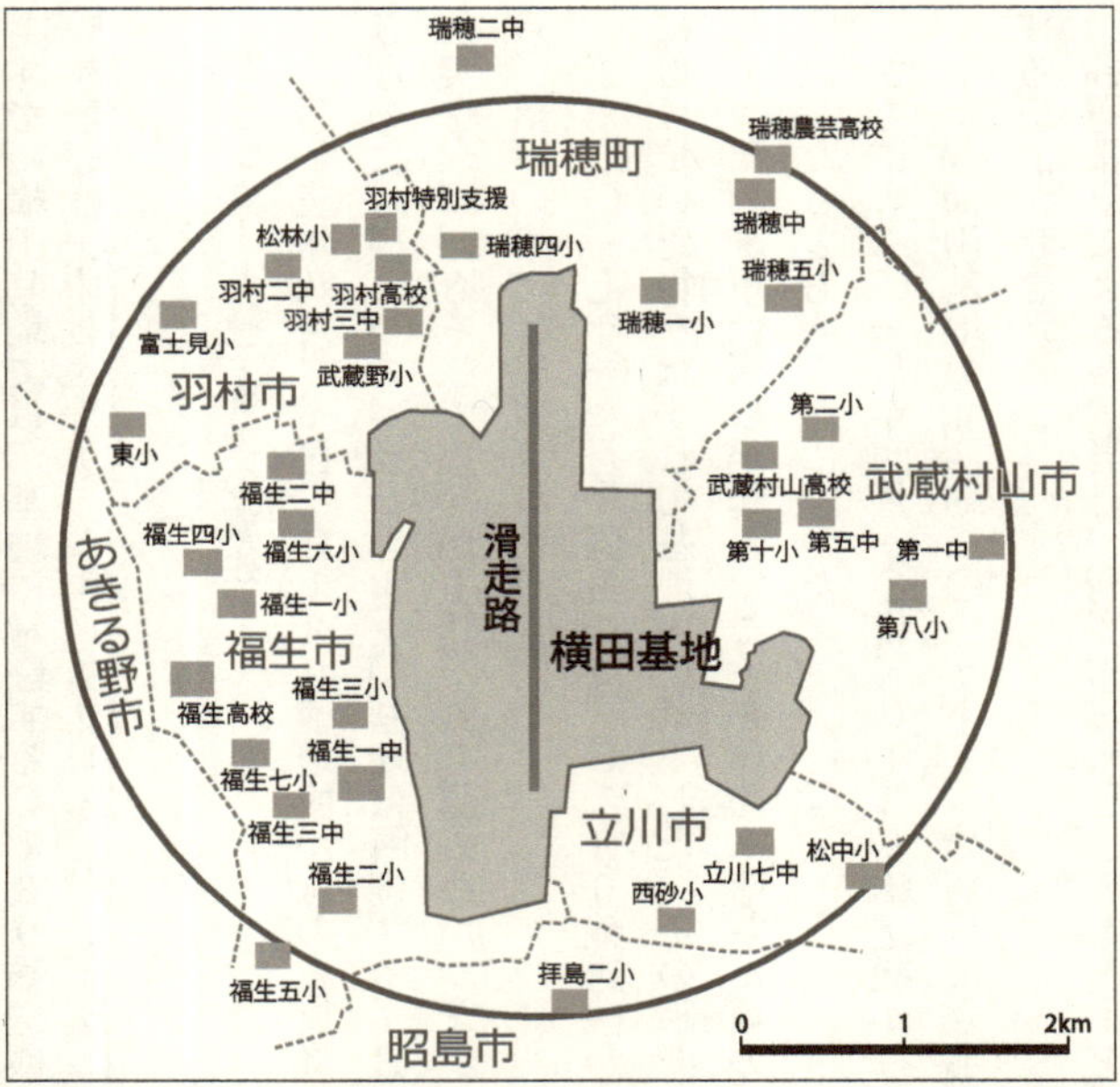

図14　横田基地の滑走路の中心から半径3キロメートルの圏内にある学校（羽村平和委員会の調査資料より）

兵士八名が降下し、そのうち一名のパラシュートに異常が生じたため、パラシュートの一部を切り離す措置をとった。その結果、幅約三メートルのパラシュート状の誘導傘が風に流され、羽村第三中学校に落下した。兵士は無事に予備パラシュートで基地内に降りた。

「人身事故にまでならなくて幸いでしたが、一歩まちがえば大変なことになっていました。そもそもパラシュートによる人員降下や物資投下は、人口密集地の上空でするような訓練ではありません。C130輸送機やオスプレイなどの旋回飛行訓練も同様です。こうした訓練は、アメリカ本国では人家のない広大な基地・演習場の中でやっています」と、高橋さんは憤りをこめて話す。

横田基地の総面積は約七・一四平方キロで、福生市、羽村市、瑞穂町、武蔵村山市、立川市、昭島市にまたがっている。この五市一町だけでも総人口は五一万人を超え、総世帯数は約二四万。住宅が建ち並ぶ人口密集地だ。基地の滑走路の中心から半径三キロの圏内には、小学校・中学校・高校が合わせて三四校もある（図14）。

羽村中へ落下したパラシュートの事故を受けて地元の羽村市は在日米軍と防衛省に抗議し、事故の原因究明と訓練の中止を求めた。しかし、米軍は横田基地の全てのパラシュートに異常はないと確認できたとして、事故からわずか二日後に訓練を再開した。

事故の原因究明よりも訓練を優先させる米軍のいつもどおりの対応である。こうした軍事優先の米軍のやり方に対し、日本政府には住民の安全重視の観点から有効な歯止めをかけようとする姿勢は見られない。

数百人もの兵士が降下する危険な訓練

横田基地で大規模なパラシュート降下訓練が始まったのは、二〇一二年一月一〇日である。

高橋さんによると、同年一月五日、防衛省北関東防衛局から横田基地をかかえる自治体に、「砂袋などの投下訓練をおこなう。人員の降下訓練も実施する可能性がある」と通告があった。しかし実際は、六機のC130輸送機から一〇〇人もの兵士がたてつづけにパラシュート降下する大規模なものだった。訓練は一一日も、一二日も、しかも自治体への通告もなしにおこなわれた。訓練を実施したのは、アラスカ州に本拠をおく米陸軍の空挺部隊（パラシュートやグライダーなどを使って敵の後方に降下して作戦をする）だった。

その後、六月、七月、一〇月末～一一月初めとパラシュート降下訓練は続き、沖縄の米陸軍トリイステーション基地（読谷村《よみたんそん》）の特殊作戦部隊（グリーンベレー）などが参加した。二〇一二年はのべ六〇〇〇人が降下したとみられる。

それからも毎年、数百人規模のパラシュート降下訓練が、夜間もふくめておこなわれている。降下を開始する高度も、地上から三〇〇〇メートルほどだったのが、五〇〇〇メートル、一〇〇〇〇メートルとなり、さらには三〇〇〇〇メートル以上の高さになっていった。羽村第三中学校にパラシュートの一部が落下した事故のときも、高度約三八〇〇メートルから降下し、三六秒後に約一六七〇メートルでパラシュートを開くという訓練だった。

これは高高度から降下を始め、低高度になってからパラシュートを開く「高高度降下低高度開傘」（HALO）訓練と呼ばれるもので、特殊作戦部隊が地上の敵からの発見・攻撃を

写真5　横田基地の周辺上空を低空で訓練飛行するC130輸送機

避けながら敵地に侵入するための、危険で高度な技術が必要な降下方法である（『しんぶん赤旗』二〇一八年四月一二日）。

横田基地周辺の空は、米軍が航空管制をしていて民間機の通過を制限できる。横田基地のある一帯の上空は、「横田空域」の中では地上から高度約三六五〇メートルまでを覆う高度区分の区域にあたる。米軍が自由かつ円滑に高高度からの特殊作戦用のパラシュート降下訓練もおこなえる空域が、しっかり確保できているというわけだ。

このように横田基地は近年、特殊作戦部隊の訓練拠点としての役割を高めている。特殊作戦用のCV22オスプレイの配備がそれに拍車をかけているのはまちがいない。

「特殊作戦部隊は闇に隠れながら敵地に潜入し

て、破壊工作や政府要人や武装勢力幹部などの暗殺・拉致《らち》、捕虜の奪還などを主な任務としています。そのために危険な訓練を積み重ねています。横田基地のある私たちの地域が、そのような特殊作戦すなわち戦争行為の訓練・出撃拠点として使われるのは、けっして許されることではありません」

高橋さんはそう強調した。

一都八県の上空で輸送機の訓練が

横田基地には一四機のC130輸送機が配備されている。この機体は最新型のC130Jで、全長約三五メートル、全幅約四〇メートル、全高約一二メートルのプロペラ機。最大速度は時速約六六〇キロ、行動半径は最大積載時で約三一四七キロである。パイロットなどの乗員は三名、輸送できる兵員は一二八名である。

C130は横田基地でのパラシュートによる人員降下訓練や物資投下訓練のほかにも、東京、埼玉、群馬、栃木、茨城、長野、山梨、静岡、神奈川の一都八県にまたがる広大な地域の上空に、飛行訓練のエリアすなわち空域を独自に設定して、低空飛行訓練や編隊飛行訓練をしている。

この関東・中部地方にかけての飛行訓練エリアを、米軍は「横田空軍基地有視界飛行訓練エリア」と名づけている（図15）。その存在が明らかになったのは、横田基地配属の米第五空軍・第三七四空輸航空団が作成した、「航空機空中衝突防止のために」（二〇一三年四月二一日付）という英語と日本語の小冊子からである。二〇一三年四月二一日に横田基地で米軍が開催した「第四回関東平野空中衝突防止会議」での配付資料だ。

この会議は、関東地方の空を有視界飛行方式で飛ぶセスナ機やグライダーなど小型民間機のパイロットやオーナーなどを横田基地に招いて、二〇一〇年から定期的に開かれている。小型民間機と米軍機の衝突を防止するための情報と対策を共有するのが目的だ。

「航空機空中衝突防止のために」には、「横田空軍基地有視界飛行訓練エリア」の図が載っている。その訓練エリア＝訓練空域の高度範囲は、五〇〇フィート（約一五二メートル）から五〇〇〇フィート（約一五二四メートル）までの間である。序文には、C130が高度一〇〇〇フィート（約三〇五メートル）以下での有視界飛行を高い頻度でおこなっていると書かれている。また、編隊飛行は通常二〜六機でおこなうとある。そのため、このエリアは「C130編隊飛行訓練エリア」とも呼ばれる。

つまり、C130は一都八県にわたる広大な地域の上空を、約三〇五メートル以下の低空でひんぱんに飛び回っているのである。このエリアは秩父《ちちぶ》、奥多摩《おくたま》、甲府《こうふ》盆地周辺、丹沢《たんざわ》、箱根《はこね》、伊豆の山岳地帯の上空をのぞいて、大半が関東平野の西部と北部の上空である。もち

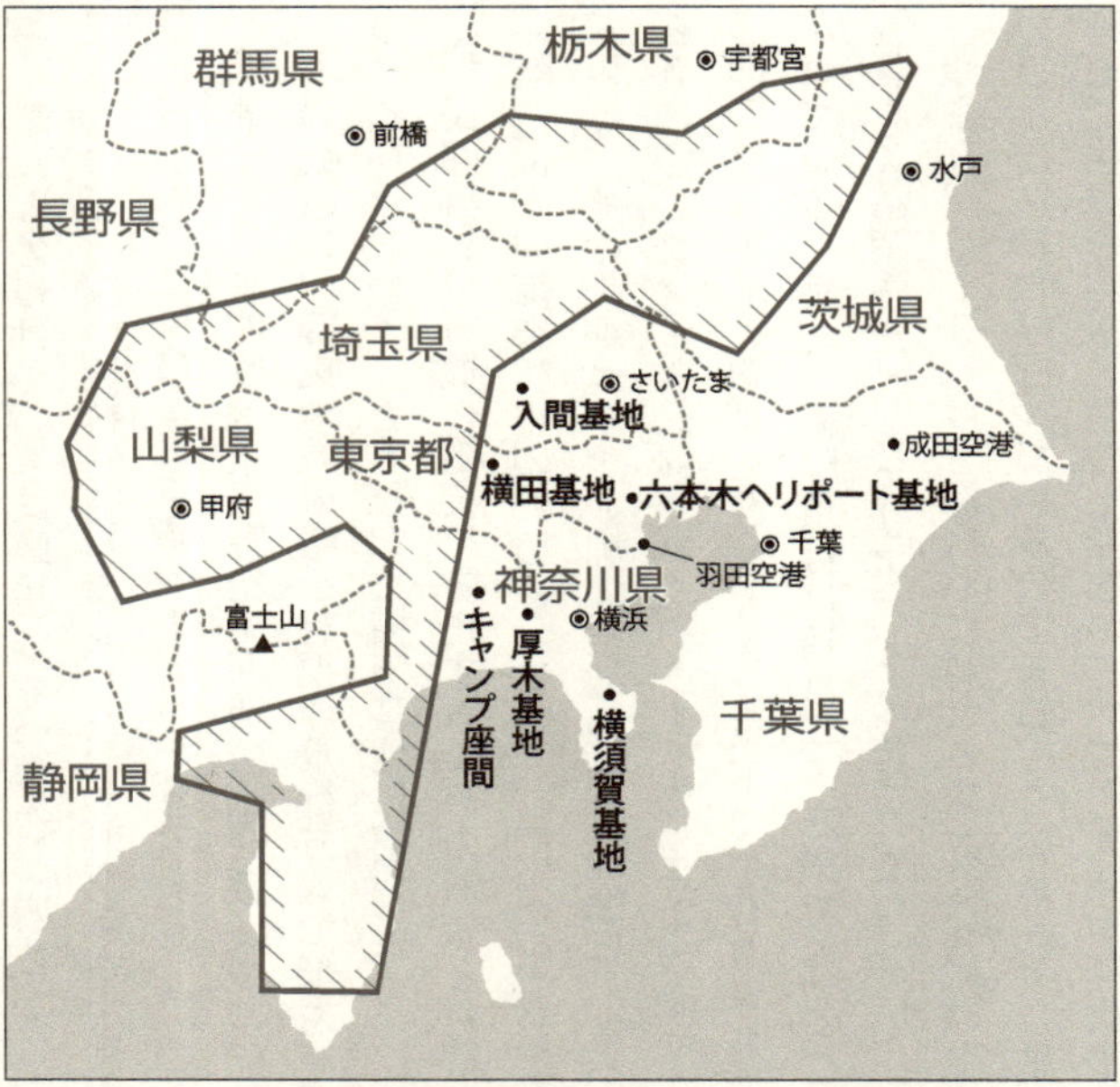

図15 「横田空軍基地有視界飛行訓練エリア」の略図。斜線部。（米第5空軍・第374空輸航空団「航空機空中衝突防止のために」をもとに作成）

ろん航空法で最低安全高度三〇〇メートルと定めてある人口密集地の上空もふくまれる。

しかし、米軍は地位協定に伴う航空法特例法によりその規定を適用されないので、三〇〇メートル以下になることもある低空飛行訓練を高い頻度で続けているのである。しかも米軍は、航空法の、国土交通大臣の許可なしでの編隊飛行の禁止規定も、航空法特例法によって適用除外にされている。だから二～六機で先頭から最後尾まで最長約八キロにも及ぶ編隊を組んで自由に飛び回っているのだ。

このようなC130の低空・編隊飛行訓練の様子は、関東各地で目撃されている。なかでも住民による継続的な監視活動が埼玉県でおこなわれている。市民団体「埼玉県平和委員会」が呼びかけた「空のウォッチング」活動である。

埼玉県平和委員会の事務局長、二橋元長《ふたつばしもとなが》さんによると、「空のウォッチング」活動が始まったのは、二〇一三年八月。前年の夏から埼玉県北部を中心に、C130の低空飛行訓練がひんぱんに目撃されるようになっていた。騒音の苦情や墜落事故に対する不安の声も、住民の間からあがっていた。

そこで飛行訓練の実態を知るために、埼玉各地の平和委員会の会員やその知人など住民の有志に、米軍機を目撃したら日時、場所、飛行方向、機種、機数などを記録して知らせてほしいと呼びかけた。できれば写真撮影もと呼びかけた。そして情報を集約し、機関紙で報告するなどしてきた。

「その結果、埼玉県のほぼ全域の上空がC130やオスプレイなど米軍機の、好き勝手な飛行訓練エリアになっていることがわかってきました。単に低空で飛ぶだけではなく、編隊で飛んだり、二機がおたがいを追いかけまわすように旋回飛行したり、危険な訓練をしています。早朝や深夜に飛ぶこともあります」（二橋さん）

「横田空域」は戦争のための訓練エリア

たとえば、埼玉県中部、ときがわ町の住民が、自宅周辺の上空を飛ぶ軍用機を目撃した記録（二〇一六年四月二二日～一七年九月二三日）では、この一年五ヵ月の間にC130輸送機だと確認できた回数は、一九三回に上る。
そのうち、一日に一一回と目撃回数が最も多かった二〇一七年三月二九日の記録用紙には、
「AM12：29、北↓南、C130。
12：31、北西↓南東、C130。
12：35、北西↓南東、C130。
PM4：04、南東↓北西、C130（超低空）。

4：11、北西→南東、C130（超低空）。
4：23、南→北、C130（超低空）。
4：30、北西→南東、C130（超低空）。
4：44、南東→北西、C130。
4：48、北西→南東、C130（低空）。
5：27、北→南、C130（やや低空）。
6：43、北→南、C130」

と記入されている。C130が上空を行き来しながら、おそらく旋回飛行訓練を繰り返していたこと、しかも低空での飛行が多かったことがわかる。

オスプレイと確認できた記録も見られる。二〇一七年三月九日、一〇日、一五日、一七日で、計一〇回。ちょうど群馬県の相馬原演習場と新潟県の関山演習場で、米海兵隊と陸上自衛隊の日米共同訓練（同年三月六日〜一七日）が実施されていた時期にあたる。

当時、普天間基地所属のMV22オスプレイ六機が横田基地に飛来して、そこを拠点に相馬原演習場と関山演習場の間を行き来していた。途中、埼玉県の上空を飛んでおり、ときがわ町でもその姿が目撃されていたのである。

たとえば二〇一七年三月一七日の記録用紙には、

「AM7：08、南東→北西、オスプレイ2機（真上）。
AM9：06、北西→南東、オスプレイ2機（真上）」

と書かれている。

この日、横田基地と関山演習場の間をオスプレイが往復したことがわかっている。埼玉県平和委員会が作成した「オスプレイ目撃情報による推定飛行ルート図」（図16）を見ると、横田基地を午前七時三分に離陸したオスプレイが、埼玉県の日高市《ひだかし》で午前七時五分に、小川《おがわ》町で午前七時九分に目撃されている。

ときがわ町は日高市と小川町の間にあるから、前述の「AM7：08、南東→北西、オスプレイ2機（真上）」、すなわち午前七時八分に南東から北西へオスプレイ二機が飛行という目撃記録とも符合する。

「オスプレイ目撃情報による推定飛行ルート図」は、埼玉県平和委員会が羽村平和委員会や群馬県と長野県の市民団体と連携して得た、各地住民のオスプレイ目撃情報にもとづいてまとめたものだ。

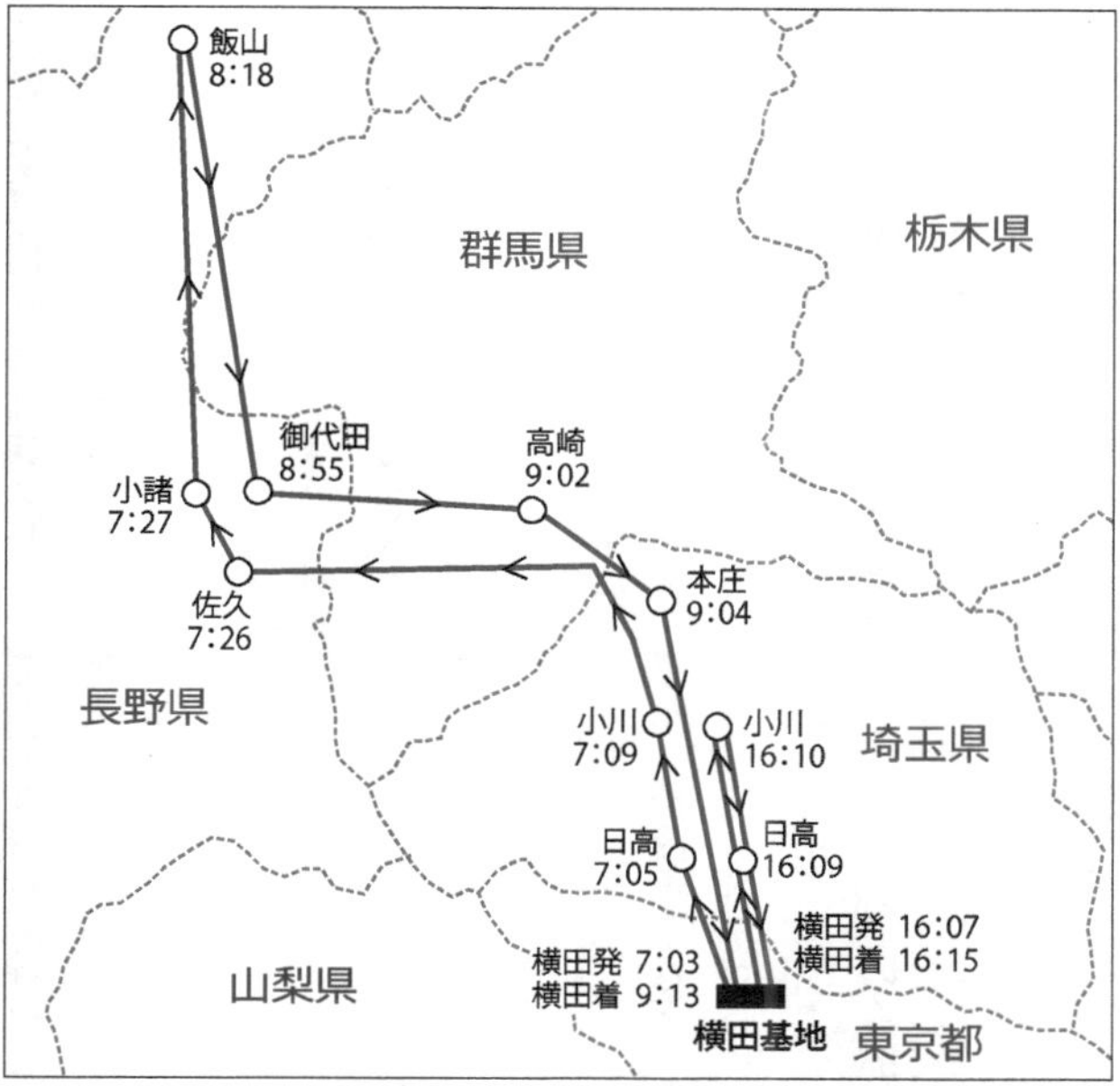

図16　オスプレイ目撃情報による推定飛行ルート図（2017年3月17日）（埼玉県平和委員会の調査資料をもとに作成）

　そうした目撃情報を総合すると、オスプレイが横田基地と相馬原演習場・関山演習場の間を単に往復していただけではなく、途中、埼玉県の上空で旋回飛行を繰り返していたことも明らかになっている。

　横田基地に配備されたCV22オスプレイは、横田基地と群馬県上空を中心とする「ホテル」訓練区域の間を行き来する途中に、必ず埼玉県の上空を通ることになる。それだけではなく、埼玉県上空をふくむ「横田空軍基地有視界飛行訓練エリア」でも低空飛行訓練などをすることも考えられる。

「埼玉県では、オスプレイはＣＶ22とＭＶ22を合わせて、県内六三市町村のうち四〇市町の上空を飛んでいるのが目撃されています。特に飯能市、日高市などでは、夜間九時半頃までの飛行が常態化しています。Ｃ１３０やオスプレイの訓練内容からは、海外に展開する米軍部隊への物資や兵員の輸送、捜索救助のための訓練であることが見えてきます。埼玉をはじめ日本の空が、米軍の『敵地』侵攻のためのスキル・アップ訓練、まさに戦争のための訓練に使われていることは重大な問題です」

二橋さんは「空のウォッチング」活動を通じて明らかになった事実をふまえて、そう批判する。そして、次のように根本的な問題点を指摘した。

「Ｃ１３０やオスプレイが騒音と墜落・部品落下などの危険を伴って飛び回る『横田空軍基地有視界飛行訓練エリア』ですが、そもそも米軍が勝手に設定したもので、日米地位協定によって訓練空域として提供されたものではありません。この飛行訓練エリアは、米軍が管轄する『横田空域』とも重なりますが、はみだしている部分もかなりあって、広範囲にわたっています。このような米軍の勝手な行動を認めているかぎり、日本の空なのに、本当に日本の空とは言えない、おかしな状態が続くだけです」

イラクで空爆をしてきた米軍機

日本の空が米軍の戦争のために使われていることへの憤りの念は、前出の市民団体「渋川平和委員会」の相川晴雄さんも同じように表していた。

「群馬の空で訓練する米軍機は、イラクで空爆をして人殺しをしてきたのです。故郷の空が戦争目的に使われるのは人間として許せません。渋川などで米軍機の飛行による衝撃波で大轟音とともに窓ガラスが割れるなど被害が何度も起きました。その体験から、本当の爆撃だったらどれほど恐ろしいか想像できます」

相川さんはきびしい面持ちでそう語った。

二〇〇三年のイラク戦争では、当時、横須賀基地を母港としていた米海軍の空母キティホークがペルシャ湾に出動した。空母艦載機のＦＡ18戦闘攻撃機などが、計五三七五回も出撃し、約三九〇トンもの爆弾を投下して、多くのイラク人の命が奪われた。

それら艦載機は群馬県の上空、「横田空域」にふくまれ、米軍が「ホテル特別使用空域」と呼ぶ「エリアＨ」と「エリア３」の空域で対地攻撃訓練を重ねていた。米軍パイロットは日本の空で操縦・攻撃の技能、すなわち戦技を磨いて、戦場におもむき、激しい空爆を繰り返したのである。

イラク戦争では三沢基地と嘉手納基地の米空軍のＦ16戦闘機やＦ15戦闘機なども出撃した。

日本各地の低空飛行訓練ルートがやはり米軍パイロットの戦技向上のために使われている。

横須賀基地からは巡洋艦カウペンスと駆逐艦ジョン・S・マケインもペルシャ湾に出動し、計七〇発のトマホーク巡航ミサイルを発射した。ミサイルはイラクの地に降りそそいだ。地上部隊としては沖縄駐留の海兵隊もイラク占領後に派兵され、米軍に抵抗する武装勢力を市街戦で制圧する作戦に加わった。

それら米軍の攻撃によってイラクでは多くの人命が失われ、人びとが傷ついた。在日米軍基地は戦争の出撃拠点なのである。そんな基地の維持費など在日米軍関係経費として、日本は年間六〇〇〇～七〇〇〇億円台もの国費つまり税金を支出している。日本はアメリカの戦争を支持することで、米軍に殺傷されたイラクの人びとに対して間接的な加害者の立場に立ったのである。

米軍のパイロットたちは日本の空で腕を磨き、参戦し、また次なる戦争に備える。戦場を行き来する血塗られた米軍機が、私たちの上を飛び回っているという現実がある。それは朝鮮戦争やベトナム戦争の頃からずっと続いていることだ。米軍機が訓練をする空域下や低空飛行訓練ルート下の住民、そして基地周辺の住民のなかには、相川さんのように「許せない」との思いを抱く人も少なくない。

「日米安保のための訓練を日本の空でしていると言いながら、米軍機が日本の安全や極東の平和と関係のないイラク戦争に出撃するのはおかしいのではないか?」と、私は外務省北米局日米地位協定室に質問したことがある。しかし、

「米軍部隊が日本の領海や領空を出た後、移動していった先でどんな任務につくか、日本政府は関知しない。日米安保条約にも抵触しない」

というお定まりの答えが返ってきただけだった。しかしどう考えても、安保条約に背く米軍の出撃を正当化する都合のいい理屈にしか聞こえない。

「横田空域」を米軍が手放さない理由。それは軍事空輸ハブ基地として、輸送機などの円滑な出入りのための空域確保とともに、広大な空域を「空の壁」で囲い込んで、戦争のための訓練エリア・出撃拠点として最大限に利用しつづけたいからにちがいない。

第三章　エスカレートする低空飛行訓練

首都圏の上空でもひんぱんに訓練が

前章で述べたように、関東地方から中部地方にかけて、一都八県にまたがる広大な地域の上空に、米軍は「横田空軍基地有視界飛行訓練エリア」を設定している。その図が載った「航空機空中衝突防止のために」には、「UH－1訓練エリア」の図（図17）も出てくる。横田基地所属のUH1多用途ヘリの訓練空域を示したものだ。

東京都と神奈川県にまたがる上空に、横田基地から東南東の方角へ六本木ヘリポート基地までと、横田基地から南の方角へキャンプ座間を経て、途中から南東の方角へ三浦半島までを、一定の幅で逆コの字形に結んで空域が設定されている。空域の高度範囲は一〇〇〇フィート（約三〇五メートル）から一五〇〇フィート（約四五七メートル）までの間とある。

しかし、「航空機空中衝突防止のために」の序文には、UH1ヘリが関東地方において、高度一〇〇〇フィート以下の有視界飛行を高い頻度でおこなっていると書かれている。この「UH－1訓練エリア」は東京から神奈川にかけての都市部、すなわち人口密集地の上空だ。

航空法では、人口密集地の上空の最低安全高度は三〇〇メートルである。だが、繰り返すが米軍機に対しては航空法特例法により適用除外なので、UH1ヘリもC130輸送機と同じように最低安全高度以下になることもある低空でひんぱんに飛行訓練をしているのである。

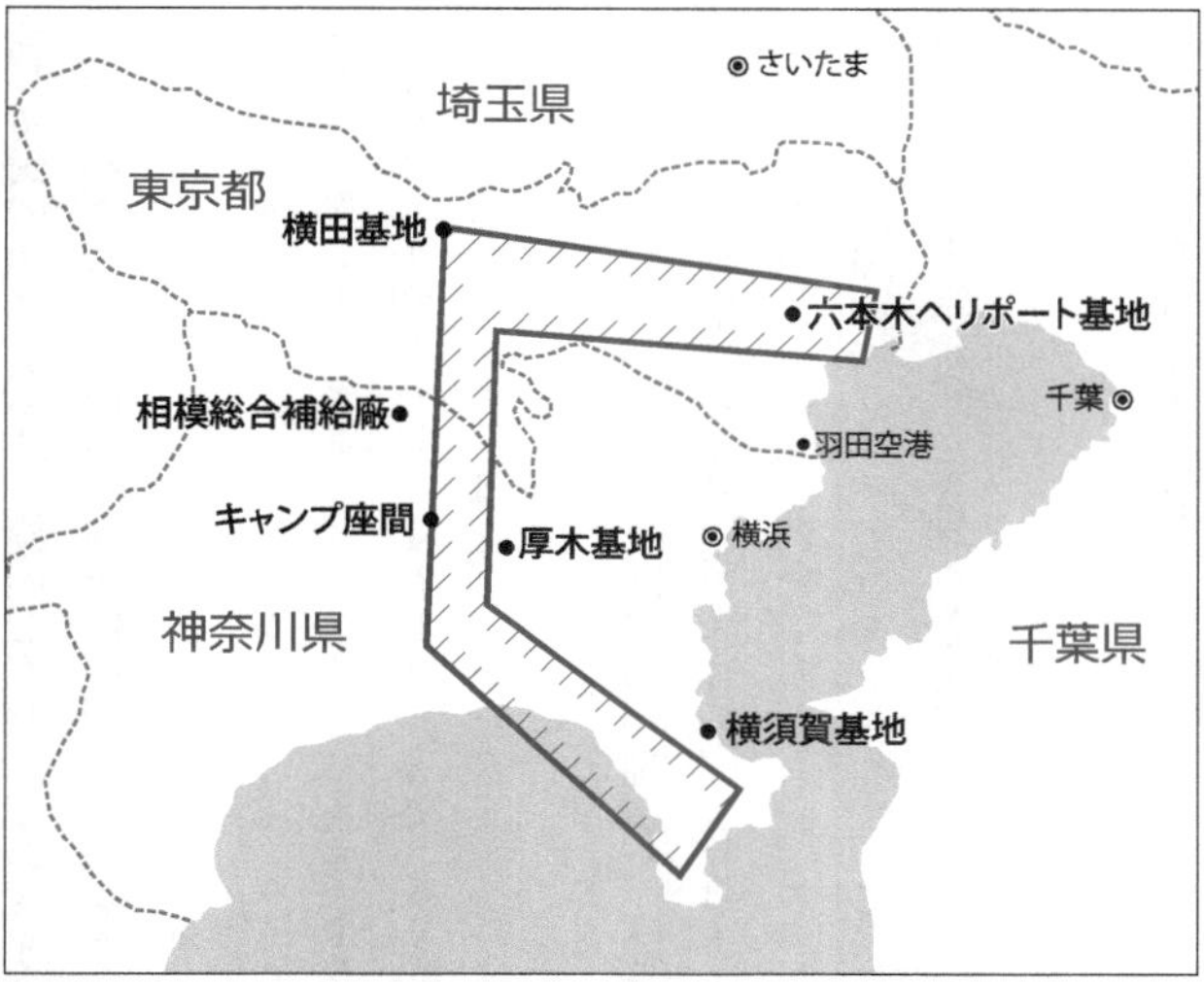

図17　「UH-1訓練エリア」の略図。斜線部。（米第5空軍・第374空輸航空団「航空機空中衝突防止のために」をもとに作成）

第一章の表2に出てくる米軍ヘリの事故現場の中には、「UH－1訓練エリア」の空域の直下やその付近に位置するところもある。

「UH－1訓練エリア」には、東京都心、港区の市街地にある六本木ヘリポート基地周辺の上空もふくまれる。同基地の監視活動を続ける市民団体「麻布米軍ヘリ基地撤去実行委員会」実行委員長の川崎《かわさき》悟《さとる》さんは、UH1ヘリの飛行訓練らしき行動をたびたび目撃したことがあるという。

「米軍ヘリは横田基地などから、日米合同委員会に出席する在日米軍の高官や将校らを乗せてくるだけではありません。時には六本木ヒルズなどビル街の上空を低空で旋回したりしています。低空飛行訓練だと思われます。それは墜落や部品落下など事故の危険を常に伴っています」

たとえば、二〇一三年七月三一日の午前六時三〇分〜午後六時三〇分に、同委員会がおこなった「麻布米軍ヘリ基地現地調査・監視行動」の報告書には、UH1ヘリの長時間にわたる飛行訓練らしき行動が、次のように記録されている。

「12：50、上空をUH－1在日米空軍ヘリが旋回。16：00頃まで、西側から飛来し基地の南側上空を通過、右または左回りにUターンして西に飛び去ることを繰り返す。訓練飛行と思われる」

また、二〇一四年七月二四日の現地調査・監視行動では、UH1だけでなく、キャンプ座間所属の米陸軍UH60多用途ヘリが、「UH－1訓練エリア」にあたる東京の上空を訓練飛行している様子も目撃された。

「UH－1訓練エリア」もほとんどの部分は、「横田空軍基地有視界飛行訓練エリア」と同じように、米軍が航空管制をして米軍機の広大な訓練エリアとして利用する「横田空域」にふくまれる。

全国を縦横断する低空飛行の訓練ルート

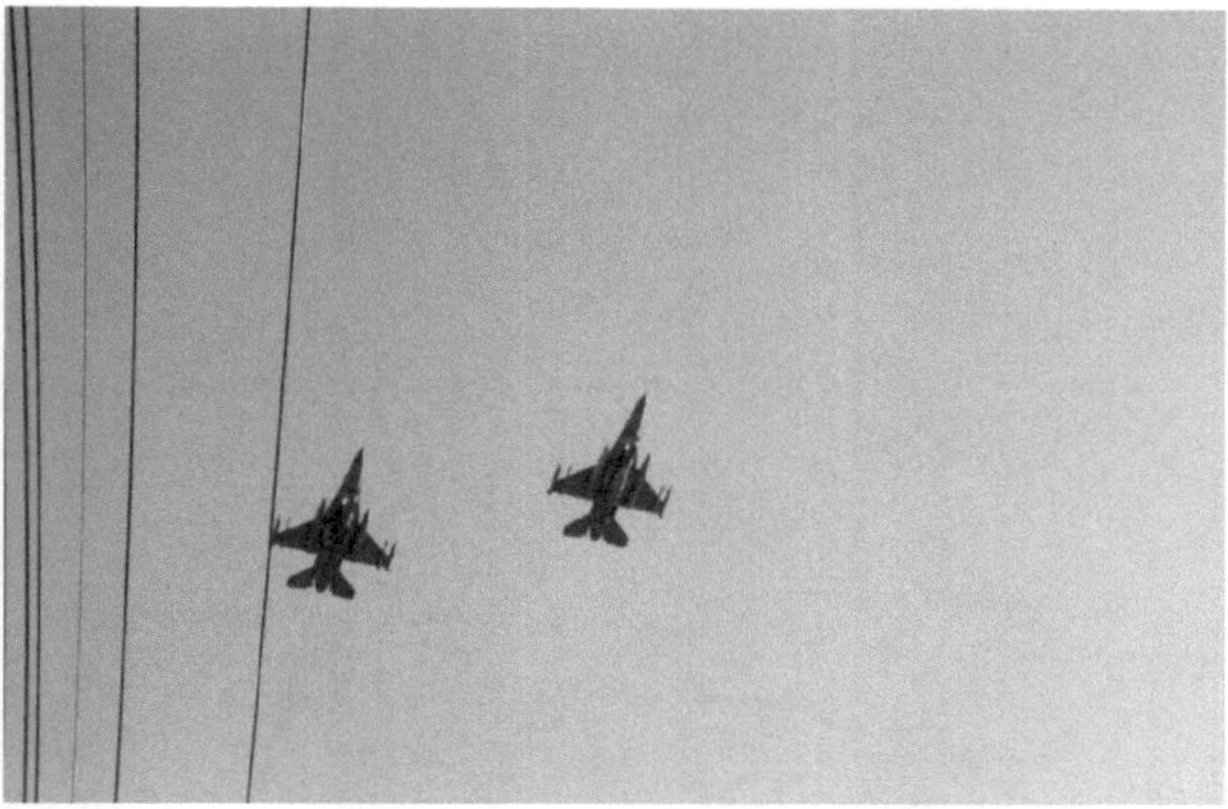
写真6　横田基地に着陸する米軍のジェット戦闘機

「横田空軍基地有視界飛行訓練エリア」も、「UH－1訓練エリア」も、米軍が勝手に設定したもので、日米地位協定によって訓練空域と認められたものではない。米軍の一方的な訓練空域設定は、明らかに日本の空の主権を侵害している。

米軍による同じような空の主権侵害は、関東地方や首都圏だけでなく、全国各地で起きている。その代表的なものが、北海道・本州・四国・九州から沖縄にかけて、やはり米軍が勝手に設定した八つの低空飛行訓練ルートである。それぞれ約三〇〇キロから約四五〇キロの長さがある。幅も数キロから十数キロあるといわれている。ルートと呼ばれているが、長大な空域の一種ともいえる。ルート沿いの地域住民は、低空飛行する米軍ジェット機の凄まじい爆音

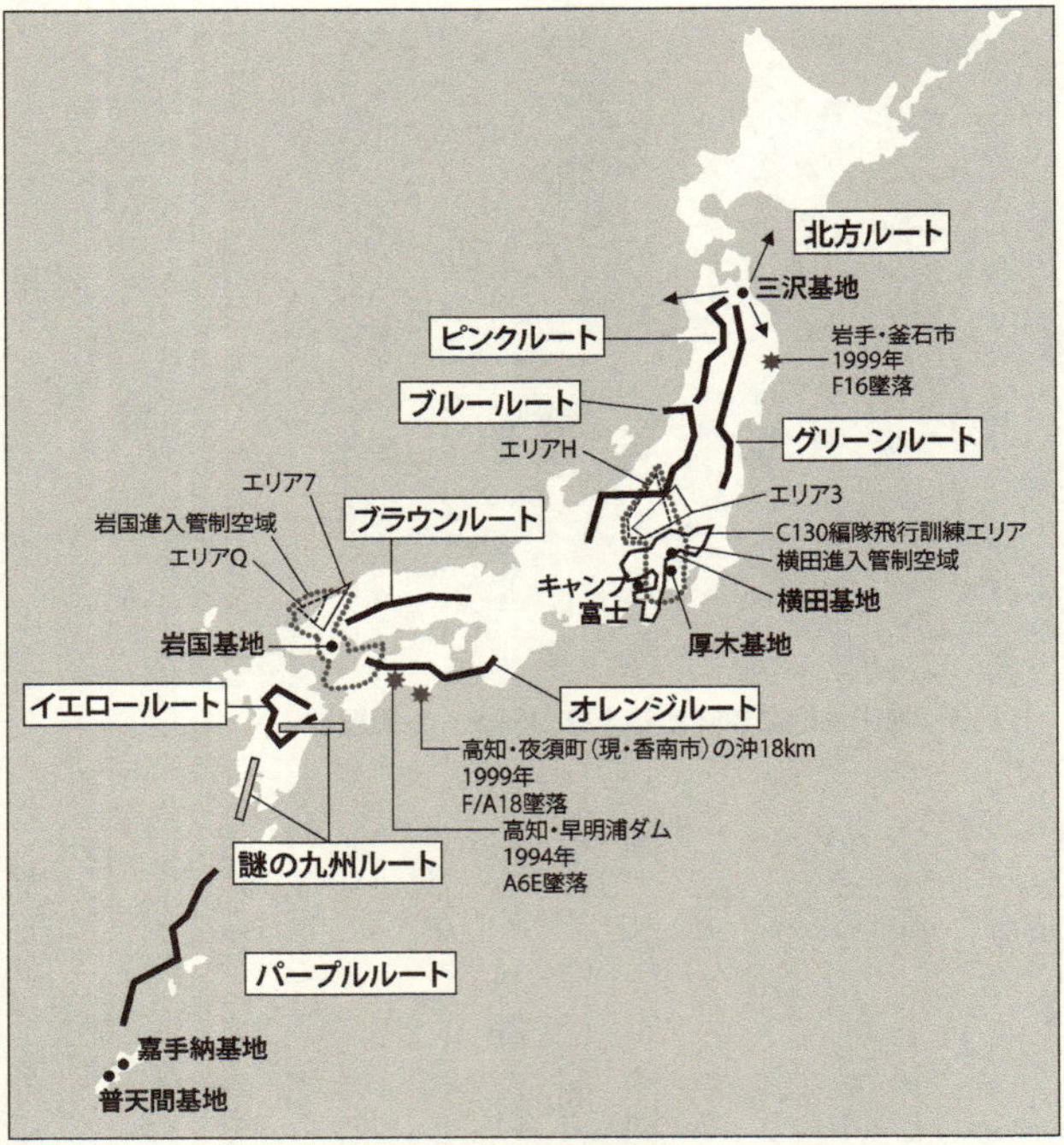

図18　本土における米軍機の低空飛行訓練ルート（エリア）（塩川鉄也衆院議員のホームページ掲載資料より）

（騒音）と墜落の危険に、長年にわたって悩まされている（写真6）。

図18にあるように、ルートは主に色別に名づけられている。『日本全国が低空飛行訓練基地に』（リムピース編・発行　一九九八年）や『オスプレイとは何か　40問40答』（石川巌・大久保康裕・松竹伸幸著　かもがわ出版　二〇一二年）など各種資料によると、各ルートは下記の場所の上空を経由している。

①ピンクルート　：東北地方の日本海側、青森県黒石《くろいし》――秋田県出羽《でわ》山地――山形県小国町《おぐにまち》
②グリーンルート：東北地方の中央部、青森県十和田《とわだ》湖――岩手山や蔵王《ざおう》山など奥羽《おうう》山脈――福島県猪苗代《いなわしろ》湖――福島・茨城県境
③ブルールート　：新潟県の日本海・粟島《あわしま》――飯豊《いいで》山地――越後《えちご》山脈――群馬県北部――長野県北部――妙高《みょうこう》山――立山《たてやま》――乗鞍《のりくら》岳
④オレンジルート：和歌山県中部――徳島県南端――高知県と愛媛県の四国山地
⑤ブラウンルート：広島県北部――広島・島根県境と鳥取・岡山県境の中国山地――兵庫県北部
⑥イエロールート：阿蘇《あそ》山、九州中央山地、大分県――福岡県――熊本県――宮崎県

⑦パープルルート：鹿児島の南方――トカラ列島――奄美《あまみ》諸島――沖縄県伊江《いえ》島付近
⑧北方ルート　：青森県の三沢基地から北海道方面と青森・秋田・岩手県方面へ

全国各地での米軍機の低空飛行訓練は、一九八〇年代後半から盛んにおこなわれるようになった。その主目的は、米軍機が敵地に侵入する際、敵レーダーの電波がカバーしきれない山のかげなど地形を利用して低空で飛び、敵の防空レーダー・ミサイル拠点や重要施設などを攻撃する技量を磨くことだ。レーダーと対空ミサイルを組み合わせた新鋭防空網システムは、一九八〇年代に世界各国で配備が進んだ。それへの対抗策として米軍は低空飛行訓練を重視するようになったのである。

しかし、米軍は低空飛行訓練ルートを公表していたわけではない。日本政府も表向きは関知しないとしている。

低空飛行訓練ルートの存在が明らかになったのは、一九九四年七月二五日朝刊の『朝日新聞』一面トップの記事からだった。

一九九一年一〇月二九日に奈良県十津川《とつかわ》村で、谷底から一五〇メートルの高さに張ってあった木材運搬用ワイヤを、低空飛行中の在日米海兵隊AV8B攻撃機（岩国基地所属）が切断した事故の、米軍による調査報告書を朝日新聞が入手。その中に、上記①～④ピンク・グリーン・ブルー・オレンジの四ルートが記載されていたのだ。事故調査報告書は、朝日新聞がアメリカの情報自由法（情報公開法）にもとづき米軍に文書開示請求をして得た。

ダムや発電所を標的に攻撃訓練も

同記事によると、事故調査報告書にはパイロットの証言資料もふくまれ、低空飛行訓練ルートでの具体的な訓練内容がわかる。訓練は七種類ある。

「起伏に沿って、一定の高度で山頂や狭い渓谷などをすり抜ける『地形追随』『接近飛行』。地形に姿を隠しながら接近する『隠密飛行』。さらに、通常、複数の攻撃機が共同して敵を攻撃する『同時着弾射撃』を意味する『タイム・オン・ターゲット』という訓練もある。このほか、地上の移動目標をレーダーで探る『ＡＭＴＩ』や『目標識別』『目標攻撃』訓練もある」

一読してわかるように、きわめて実戦的で、山間を縫うように低空で飛ぶ高度な技術が必要とされる。レーダーが探知しにくい低空を飛ぶことで敵地に侵入し、奇襲攻撃をする技量を高めるのが目的だ。

どのルートでも、ダムや発電所などを通過ポイントに設定し、通過の際の高度も指示されている。計三七ポイントのうち二〇ポイントで、航空法上の人口密集地以外での最低安全高度ぎりぎりの約一五〇メートルが、通過高度とされていた。

さらに、一九九五年一〇月一九日の『高知新聞』一面トップ記事から、⑤～⑧ブラウン・イエロー・パープル・北方の四つの低空飛行訓練ルートの存在も明らかになった。九四年一〇月一四日に高知県大川《おおかわ》村の早明浦《さめうら》ダム上流に、低空飛行中の米空母艦載機A6E攻撃機が墜落し、搭乗員二名が死亡した事故の、米軍による調査報告書を高知新聞が米軍に開示請求をして入手。そのなかに、これらのルートが記載されていた。

低空訓練飛行ルート下にある発電所などは、単なる通過ポイントとしてだけではなく、実は攻撃訓練の標的にされていることも後にわかった。一九九九年一月二〇日に高知沖で、米海兵隊FA18戦闘攻撃機（岩国基地所属）が墜落した事故の、米軍による調査報告書を朝日新聞が入手して報じたからだ。

事故調査報告書には、オレンジルートでの低空飛行訓練において、通過ポイントの発電所やカーブした道路などを標的に設定し、攻撃訓練を予定していたとのパイロットの証言もふくまれていたのである（『朝日新聞』一九九九年一〇月二日朝刊）。

米軍機が低空飛行しながら対地攻撃訓練をしていることは、一九九七年五月九日放映の中国放送（RCC）「ニュースひろしまの森」での、米海兵隊AV8B攻撃機（岩国基地所属）パイロットへのインタビューからも明らかになった。同年五月五日の岩国基地での航空祭で、記者の質問に答えたものだ。

「Q：低空飛行の目的は？
A：敵国のターゲットを狙うこと。理由は、雲の低いとき、雲の下を飛ぶ必要がある。もう一つは、敵が制空権を握っているときは、低空飛行をする必要がある。だから低空を飛ぶ。
Q：つまり、敵のレーダーをかいくぐって、レーダーを攻撃するのか？
A：その可能性もある。目標は脅威が何かによる。天候しだいでいろいろなルートを飛ぶ。
Q：どんな訓練をしているのか？
A：すべての任務だ、空対空戦闘訓練、ドッグファイトという追撃訓練、それにハイウェイや道の上をなぞる飛行。橋やダムを爆撃する訓練」

（『日本全国が低空飛行訓練基地に』）

危険な低空飛行訓練と米軍機の事故

米軍機は低空飛行しながら標的に設定した橋、ダム、発電所、道路などを実際に爆撃するわけではない。あくまでも模擬攻撃の訓練である。しかし、パイロットの証言資料やインタビューから明らかになった訓練内容は、急上昇・急降下をふくむ高度な技術が必要で、危険を伴い、ミサイルの模擬弾も装着するなど実戦的なものである。

現に低空飛行訓練中の事故も繰り返し起きている。主なものを表9にまとめた。

このほかに、米軍機の低空飛行の衝撃波で窓ガラスが割れる被害も、各地で続出している。幸い墜落事故などで住民に死傷者は出ていない。しかし、場合によっては大惨事につながっていた。

たとえば高知県大川村の早明浦ダム上流に墜落したケースでは、ダムから上流方向にわずか五〇〇メートル～一キロほどのところに、保育園や小・中学校、役場などがあったのだ。また、岩手県釜石《かまいし》市の山中に墜落したケースでも、事故現場から数百メートルの場所には民家があり、およそ一・五キロのところには保育所や小・中学校もあった。墜落機から火の手があがり、山火事も起きた。

低空飛行訓練の危険性は、米軍も認識している。朝日新聞が入手した、在日米海軍司令官による内部通達（一九九四年三月）には、こう書かれていた。

「ルートの存在は日本の航空当局に知られていない。（民間機とのニアミスを避けるため）何より大事なのは『目で発見して避けろ』であり、極度の注意が要求される」（『朝日新聞』一九九五年一一月一〇日朝刊）

1987年	8月12日	奈良県十津川村で米空母艦載機EA6B電子戦機が木材運搬用ワイヤを切断
1988年	9月2日	岩手県川井村の山中に米空軍F16戦闘機（三沢基地所属）が墜落
1989年	3月16日	青森県六ヶ所村の牧場に、米空軍F16戦闘機（三沢基地所属）が模擬爆弾を誤って投下した
	6月12日	愛媛県の山中に米海兵隊FA18戦闘攻撃機（岩国基地所属）が墜落
1991年	10月29日	奈良県十津川村で米海兵隊AV8B攻撃機（岩国基地所属）が木材運搬用ワイヤを切断
1994年	10月14日	高知県大川村の早明浦ダム上流に米空母艦載機A6E攻撃機が墜落。搭乗員２名が死亡
1995年	8月	山形県舟形町の河川敷で観光客向け乗馬教室を開いていたとき、上空を米軍機が飛び、その爆音に驚いた馬が棒立ちになり、乗っていた女性が落馬して骨折
1998年	1月7日	広島・島根県境付近の中国山地に、米海兵隊FA18戦闘攻撃機（岩国基地所属）が機体の一部を落下させて紛失
1999年	1月20日	高知沖に、米海兵隊FA18戦闘攻撃機（岩国基地所属）が墜落
	1月21日	岩手県釜石市の山中に米空軍F16戦闘機（三沢基地所属）が墜落
2010年	6月14日	秋田県大館市の養鶏場の鶏舎で、上空を飛んだ米軍機の爆音に驚いた比内地鶏86羽が、折り重なって圧死
2011年	3月2日	岡山県津山市で農家の土蔵が、米軍機の低空飛行の衝撃波により倒壊。岩国基地所属のFA18戦闘攻撃機とみられる
2012年	10月22日	秋田県大館市の養鶏場の鶏舎で、上空を飛んだ米軍機の爆音に驚いた比内地鶏約50羽が、折り重なって圧死

表9　米軍機の低空飛行訓練中に起きた主な事故や被害（新聞記事データベースなどをもとに著者作成）

機体の重さが一〇トン以上もあり、超音速でも飛べる軍用機が、時には三〇〇メートルや一五〇メートルを下回る低空を飛行するときの最大の安全策が、「目で発見して避けろ」、つまりパイロットの注意力まかせなのである。低空飛行訓練はパイロットの目視に頼る有視界飛行方式でおこなわれている。

しかも、低空飛行訓練ルートを日本の航空当局にも知らせていないのである。当然、ルートに関する情報は民間機のパイロットにも伝わらない。これでは、民間機のパイロットが米軍機とのニアミスや衝突を避けるための対策もとれないではないか。

二〇一二年、MV22オスプレイの普天間基地配備に際して、米海兵隊が作成した「環境レビュー」のなかで、前述の低空飛行訓練ルートのブラウンルートと北方ルートを除く六本のルートで、MV22が低空飛行訓練をすることが明らかにされた。これは米軍が低空飛行訓練ルートを初めて公表したものだ。その後、朝日新聞の取材に対し、ブラウンルートの存在も認めた。横田基地に配備された空軍のCV22オスプレイも、やはりこれらの低空飛行訓練ルートを使うと考えられる。

米軍機のための空域制限「アルトラブ」

さらに、米軍機が訓練のために優先的に使用している空域がある。国土交通省航空局が一定の空域を一定の期間、航空管制上ブロックして民間航空機を通れなくし、米軍専用の空域とするアルトラブ（ALTRV）である。

ALTRVはAltitude Reservationの略語である。直訳すると高度制限で、日本政府は空域の一時的留保と言い表している。しかし、実質的には空域制限を意味する。アルトラブには次のように二種類の型がある。

①「移動型」：軍事演習や航空部隊の移動などに際し、米軍機の飛行ルートに合わせ、順番に次々と一定の空域を航空管制上ブロックして民間機を通れなくし、一時的に米軍専用にしていく。

②「固定型」：米軍機の訓練や空中給油や各種の飛行試験などのために、一定の空域を常時、固定的に設定して、航空管制上ブロックして民間機を通れなくし、米軍専用とする。これは主に沖縄周辺の海の上空に複数設定されている。

アルトラブが年間どのくらい設定されているのか。その件数と位置について、国土交通省は「日米合同委員会の申し合わせにより、米軍の行動に関する問題については了解がない限り公表しない約束になっている」という理由で、公表していない。

二〇一四年に日本弁護士連合会が発表した「日米地位協定に関する意見書」によると、「アルトラブの設定は年間１０００件以上に及んでいるといわれる」という。

民間機が自由に飛べない軍事空域があると、悪天候の回避ができなかったり、遠回りや低空飛行を強いられたり、さまざまなトラブルが発生する。前出の航空安全推進連絡会議は毎年、国土交通省に対し、アルトラブや訓練空域など「民間航空機の安全かつ効率的な運航を阻害している」軍事空域の削減を強く求めている。

航空安全推進連絡会議に参加する国土交通労働組合の現役航空管制官によると、移動型アルトラブは管制官の間で「大名行列」と呼ばれたりするという。

「私の知っているかぎりでは、移動型アルトラブはハワイやグアムの米軍基地から三沢基地などへ、空中給油機が何機もの戦闘機を後ろに従えるように移動してきます。その飛行ルートにあたる高度約二万九〇〇〇フィート（約八八〇〇メートル）～三万一〇〇〇フィート（約九四〇〇メートル）の間の一定の幅と長さのある立方体の空域を、その編隊の移動とともに、民間機が入れないようにブロックしていくのです。イメージとしては巨大な立方体が飛んでいるような感じです。戦闘機は交代で給油を受けては飛行します。そのように移動するいくつもの機影が、レーダー画面上に点々と映るのを大名行列にたとえるわけです」

アルトラブの手続きは、日米合同委員会の「航空交通管制に関する合意」（一九七五年）にもとづいて、次のように定められている。

「米国政府は、軍用機の行動のため空域の一時的留保を必要とする時は、日本側が所要の調整をなしうるよう、十分な時間的余裕をもって、その要請を日本側当局に対して行う」

このアルトラブの調整のために米軍側が要請する先の日本側当局とは、国土交通省航空局である、調整の実務は、航空局が運営する航空交通管理センター（以下、ＡＴＭセンター）が担当する。

二〇〇五年にできたＡＴＭセンターは福岡市にある。日本領空と日本周辺の海洋上空をふくむ福岡ＦＩＲ（国際的な航空管制区分）内での、航空機の発着・飛行状況などをレーダーや無線や衛星データリンク通信などを使って把握している。そして、全国各地の飛行場、周辺空域、航空路の混雑や悪天候を回避するため、航空機の出発時間、飛行ルート、高度などを指示し、航空交通全体の流れを調整・管理している。

ＡＴＭセンターでは、国土交通省航空局の航空管制官と自衛隊の担当官が連携し、米軍側と連絡を取り合って、空域の有効利用を図る「空域管理」（ＡＳＭ）の調整をしている。米軍側からアルトラブの要請があると、航空管制官は民間航空機の運航への影響を精査したうえで承認する。

ただ、国土交通省は「空域管理」に関する米軍との合意やアルトラブの調整に関連する公文書を全面不開示にしているので、詳しい調整方法はわからない。

「空域管理」の業務としてはほかにも、自衛隊や米軍の訓練空域が空いている時間帯に、民間航空機が悪天候の回避や飛行距離の短縮のため臨時に通過できるよう「調整経路」（ＣＤＲ）の設定もおこなっている。

日本の空をフル活用する米軍

これまで述べてきたように、「横田空域」において米軍の戦闘攻撃機、輸送機、オスプレイ、ヘリコプターなどが訓練を重ねている。米軍は群馬県上空を中心とする自衛隊の訓練空域を使用している。首都圏・関東平野などの上空にも勝手に飛行訓練エリアを設定している。

さらに、北海道から沖縄まで全国各地に一方的に、戦闘機などの低空飛行訓練ルートを設定している。民間航空機の通過をブロックして米軍専用の空域とするアルトラブも設定されている。

米軍は日本の空を軍事訓練のためにフル活用しているのだ。主要な目的は軍事作戦すなわち戦争に備えた技量の向上と維持である。そのために、ダム、発電所、橋、道路、工場などを標的に見立て、対地攻撃訓練までしている。深刻な騒音と墜落の危険などの害をもたらしながら。

しかし、ここで大きな疑問がわいてくる。そもそも米軍に、これほど自由勝手に日本の空で訓練することが許されているのだろうか。どこでも好きなところに訓練空域・訓練ルートを設定していいのか。なぜ自衛隊の訓練空域を米軍が使用できるのか。どうして米軍機のために空域制限までして専用の空域を設定してやるのか。いったいどのような法的根拠がある

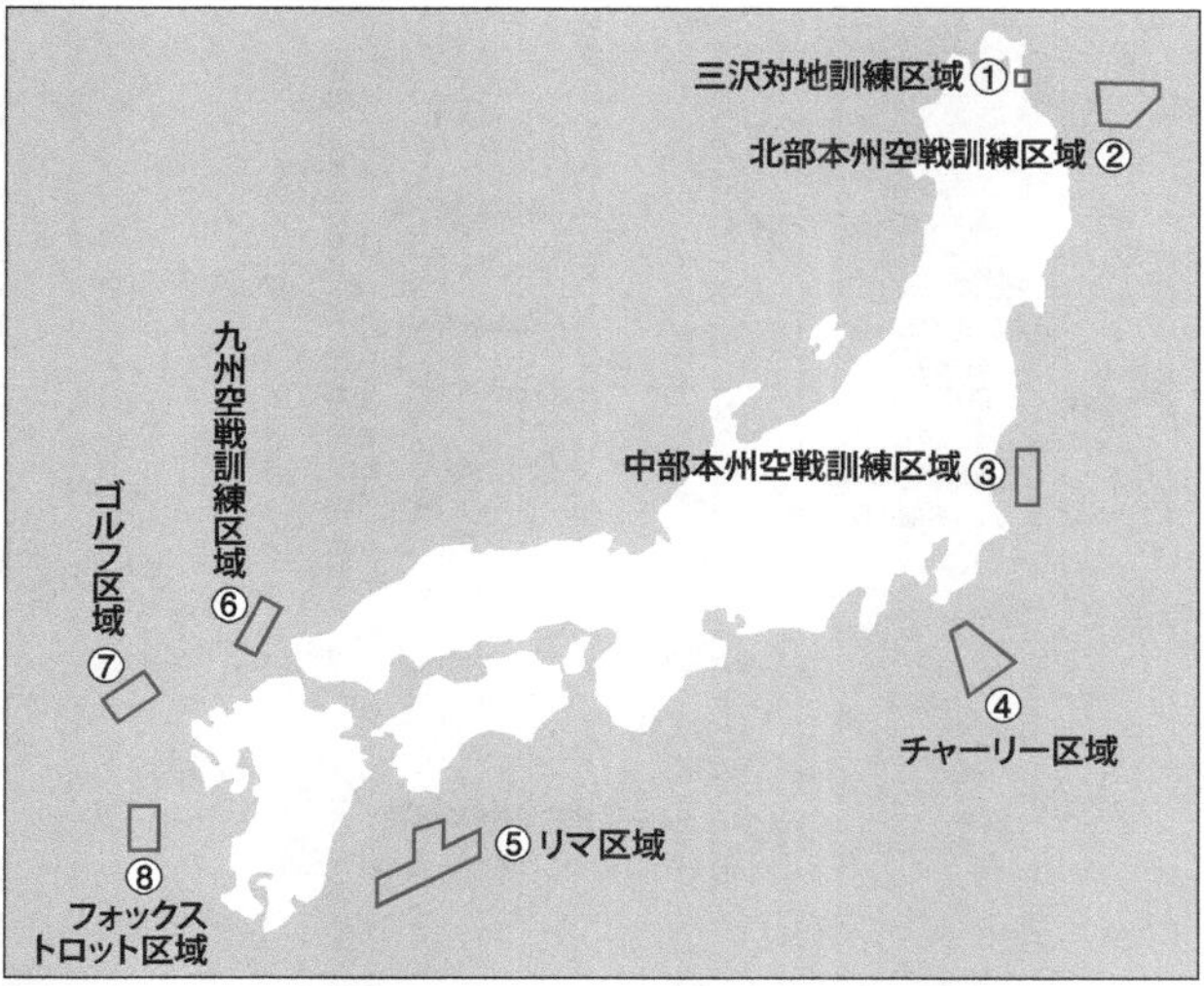

図19　地位協定等により本州・四国・九州の周辺で米軍が使用している訓練空域（防衛省の情報公開開示文書をもとに作成）

というのだろうか。

こうした疑問は、第二章で紹介した「米軍機の飛行に係る苦情等受付状況表」の、群馬県での住民からの苦情にもしばしば表れていた。たとえば、「なぜ群馬県の上空を米軍ジェット機が飛ぶのか」、「ここはアメリカの空ではなく、日本の空であり、こんなことでは困る」、「米軍と日本で何か取り決めがあるのか」などである。まさに住民の憤りの実感がこもった疑問の声だ。

たしかに「横田空域」の北半分にあたる「エリアH」と「エリア3」は、本来は自衛隊の高高度訓練空域と低高度訓練空域である。また、ブ

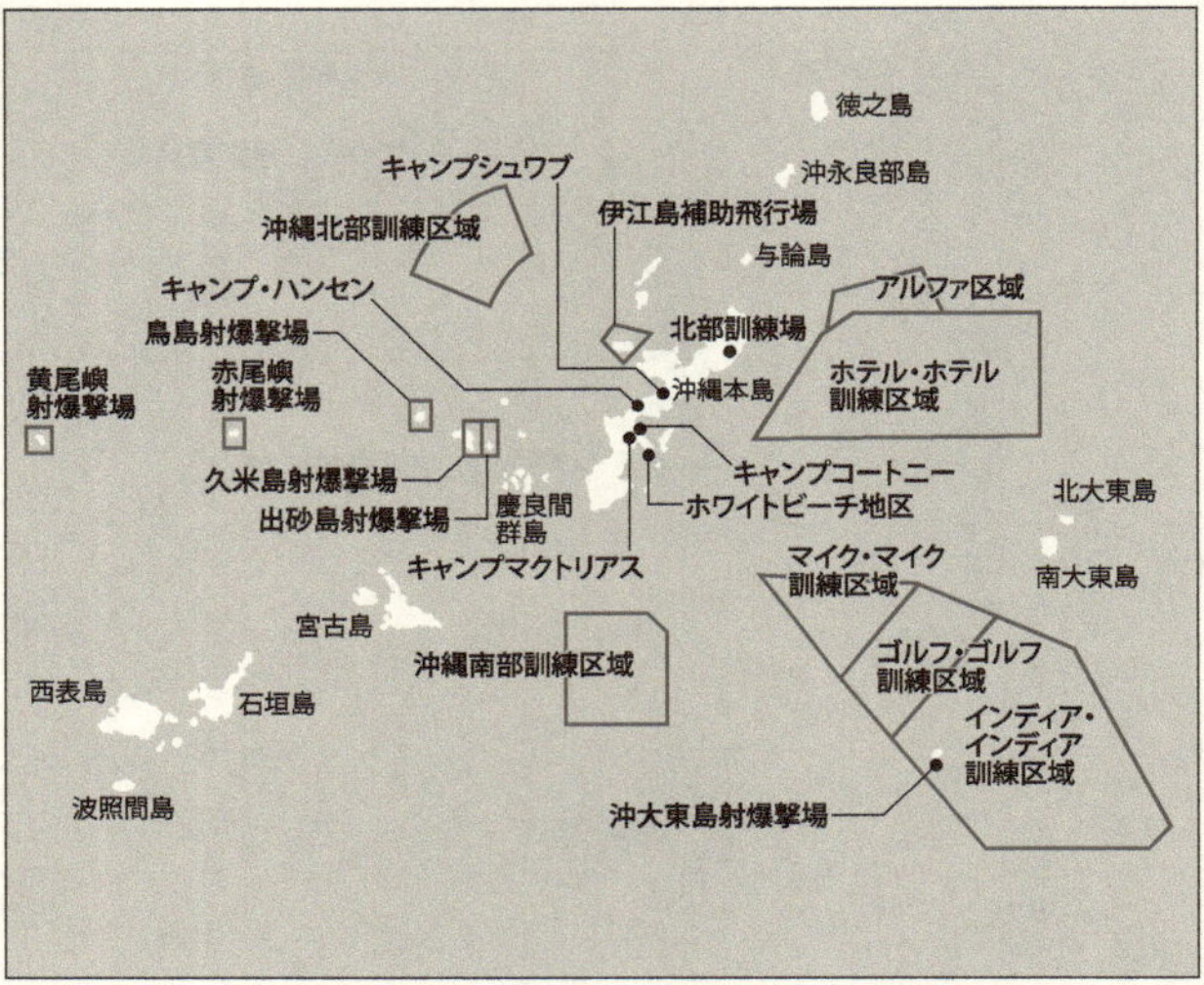

図20　地位協定等により沖縄とその周辺で米軍が使用している訓練空域（前田哲男著『在日米軍基地の収支決算』ちくま新書、沖縄県知事公室基地対策課編「沖縄の米軍基地」をもとに作成／『「日米合同委員会」の研究』より）

ルールートという低空飛行訓練ルートもその中を通っている。

米軍には日米地位協定にもとづくとされる専用の訓練空域が、「訓練区域」として別に二八ヵ所認められている（図19・図20）。にもかかわらず、なぜ米軍はその訓練区域の外で、自衛隊の訓練空域を使用でき、一方的に低空飛行訓練ルートや飛行訓練エリアを設定できるのか。

米軍による自衛隊の訓練空域の使用は、「エリアH」と「エリア3」以外でもみられる。図21の中の高高度訓練空域では主に北海道南方と青森・岩手県東

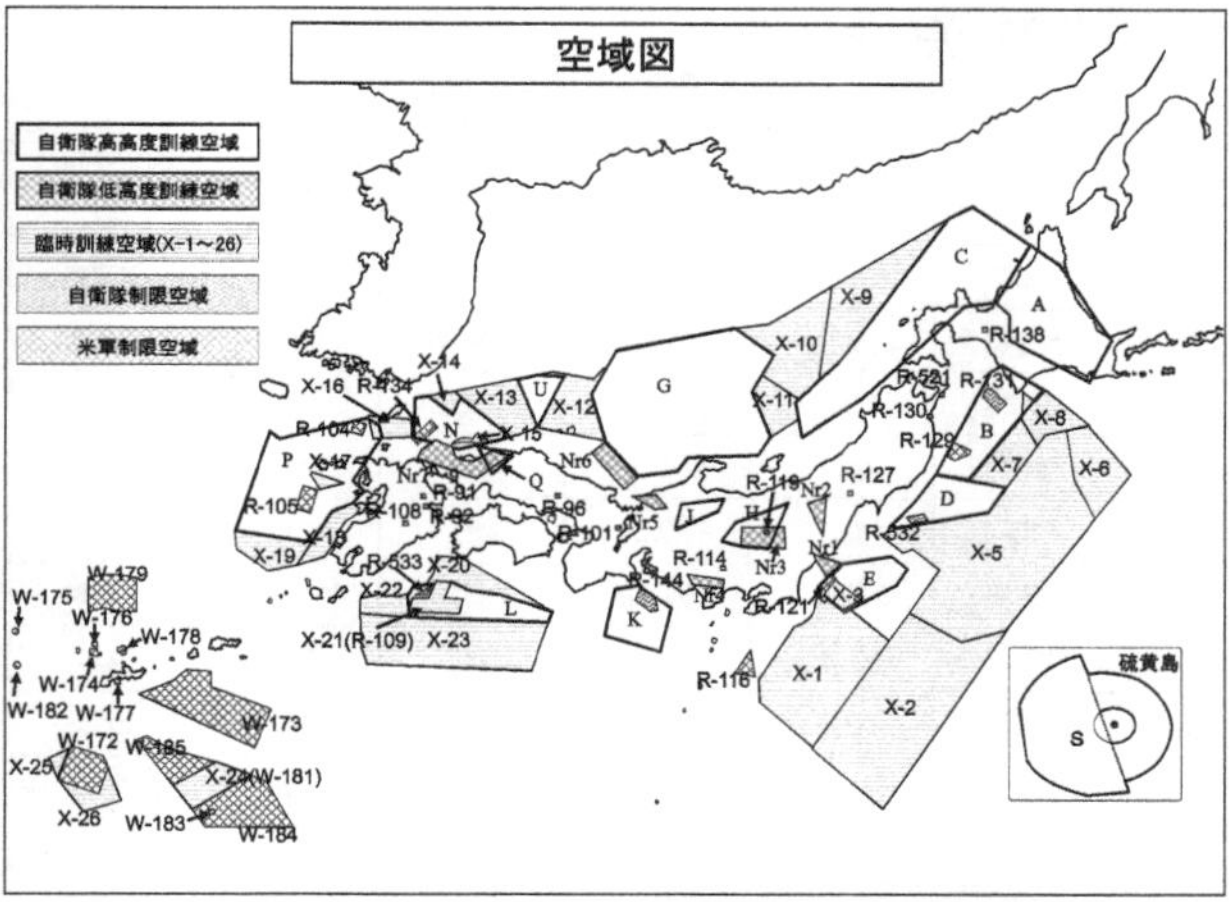

図21　米軍及び自衛隊の訓練空域一覧図（防衛省提出資料。塩川鉄也衆院議員ホームページ掲載資料より）

方の太平洋上空にある「エリアB」、北海道西方と青森・秋田・山形県西方の日本海上空にある「エリアC」、高知県南方の太平洋上空にある「エリアL」、島根県と広島県にまたがる「エリアQ」、低高度訓練空域では島根県と広島県にまたがる「エリア7」である。それぞれの空域を米軍がどの程度使用してきたのかは、防衛省がまとめた事前調整実績の表（表10）を見るとわかる。

「エリアH」と「エリア3」は、「エリアQ」と「エリア7」と並んで、実態としては米軍の専用空域同然の使われ方をしてきた。それは政府側の次のような国会答弁からもわかる。

●自衛隊高高度訓練／試験空域

空域	AIPに基づく調整実績（日数）					
	2012年3月～2013年2月	2013年3月～2014年2月	2014年3月～2015年2月	2015年3月～2016年2月	2016年3月～2017年2月	2017年3月～2017年12月
エリアA	なし	なし	なし	なし	なし	なし
エリアB	32日間	65日間	87日間	71日間	83日間	61日間
エリアC	227日間	218日間	250日間	239日間	213日間	165日間
エリアD	1日間	3日間	5日間	なし	なし	なし
エリアE	なし	なし	なし	なし	なし	なし
エリアG	なし	なし	なし	なし	なし	なし
エリアH	69日間	92日間	88日間	91日間	111日間	44日間
エリアJ	なし	なし	なし	なし	なし	なし
エリアK	なし	3日間	なし	なし	なし	なし
エリアL	230日間※	51日間	34日間	24日間	29日間	2日間
エリアN	なし	12日間	4日間	なし	1日間	なし
エリアP	6日間	なし	なし	なし	4日間	1日間
エリアQ	218日間※	245日間	238日間	257日間	268日間	209日間
エリアS	なし	なし	なし	なし	なし	なし
エリアU	なし	なし	なし	なし	なし	なし

●自衛隊低高度訓練／試験空域

エリア1	なし	なし	なし	なし	なし	なし
エリア2	なし	なし	なし	なし	なし	なし
エリア3	65日間	93日間	57日間	23日間	36日間	23日間
エリア4	なし	なし	なし	なし	なし	なし
エリア5	なし	なし	なし	なし	なし	なし
エリア6	なし	なし	なし	なし	なし	なし
エリア7	218日間※	245日間	238日間	257日間	268日間	200日間
エリア8	なし	なし	なし	なし	なし	なし
エリア9	なし	なし	なし	なし	なし	なし

※の付いた期間の3月と4月の調整実績は不明

表10　自衛隊訓練空域を米軍が使用するにあたっての事前調整実績（防衛省提出資料にもとづく。塩川鉄也衆院議員のホームページ掲載資料と井上哲士参院議員提供資料をもとに作成）

空域使用実績（休日）
平成30年度5月分

空域名		訓練日数	空域使用機数			通過IFR機数		空域開放訓練機数	空域使用部隊	空自外使用機種等
			空自訓練機	空自外官用機	民間機	航空路のみ	航空路外			
A		[redacted]								
B										
C	40N									
	40S									
超音速										
D										
E										
百臨空										
Nr1										
G										
S										
H										
Nr3										
J										
Nr5										
Nr4										
静臨空										

写真7　黒塗り不開示の自衛隊訓練空域の「空域使用実績」記録文書

「エリアQと7、あるいはエリアH及び3、この四つの訓練空域においては、現在、航空自衛隊の戦闘機は訓練飛行を行っておりません」

（二〇一三年四月一五日、衆議院予算委員会、佐《さ》藤《とう》正《まさ》久《ひさ》・防衛大臣政務官）

また、米軍が「ホテル特別使用空域」と総称する「エリアH」と「エリア3」は、「自衛隊が管理しながら米空軍が『ほぼ自由に使える』」訓練空域だという航空自衛隊関係者の証言もある（『在日米軍司令部』春原剛著　新潮文庫　二〇一一年）。

私も「エリアH」、「エリア3」、「エリアQ」、「エリア7」を自衛隊や米軍がどの程度使用しているのかを知るために、各空域の使用実績の記録を、防衛省に対し情報公開法にもとづき文書開示請求をした。

しかし、全面的に黒塗りされて不開示だった（写真7）。その理由は、公開すると、自衛隊の能力などが推察され、任務の遂行に支障を及ぼすからとのことだった。そのため、米軍と自衛隊の使用の割合はわからないが、前述の政府の国会答弁などからして、もっぱら米軍により使用されてきたと考えられる。

なぜ米軍は自衛隊の訓練空域を使えるのか

米軍が自衛隊の訓練空域を使用している理由について、前出の塩川鉄也議員が国会で質問をしたところ、当時の防衛省の中島明彦《なかじまあきひこ》運用企画局長が次のように答弁した（二〇一四年二月一八日、衆議院予算委員会）。

「〔自衛隊の訓練空域は〕防衛省と国土交通省の協議により設定される空域である。他方、この空域は、自衛隊が排他的に使用することを認められたものではなく、したがって自衛隊は、米軍機による空域の使用を認めたり、拒んだりする立場にはない」

これは驚くべき答弁である。要するに、米軍が求めれば自衛隊の訓練空域は、事実上どこでも使用できるということなのだ。そして、いかにも官僚的な、わかりにくい説明である。米軍がなぜ自衛隊の訓練空域を使用できるのか。その法的根拠を明確に示した答弁とはいえない。

そこで、私は情報公開法にもとづき防衛省に対し、「自衛隊の訓練空域を米軍に使用させる法的根拠を記した文書」を開示請求した。防衛省からは次のような回答があった。

「その文書は、国土交通省航空局が作成し、航空振興財団から刊行された『航空路誌』（ＡＩＰ）である。防衛省は同書を保有している。そのなかの『航行上の警告』という項目に、法的根拠を述べた文章がふくまれている」

『航空路誌』とは、航空機の安全な運航に必要な情報を記載したもので、現在はインターネットで電子版が閲覧できる。防衛省が指摘する「航行上の警告」中の文章は以下のとおりである。

「自衛隊高高度訓練／試験空域。自衛隊機以外の訓練／試験機が、同空域を使用する場合には、使用統制機関と調整するものとする」

つまり自衛隊機以外にあたる米軍機が、自衛隊の高高度訓練空域を使用したい場合、たとえば群馬県などの上空の「エリアH」なら、その空域管理をしている使用統制機関、すなわち航空自衛隊入間基地にある第二輸送航空隊本部と日時などを調整して、使用するというわけである。

しかし、この文章は自衛隊機以外の航空機が訓練空域を使用する際の手続きを述べたものにすぎない。はたしてこれが米軍による使用の法的根拠といえるのだろうか。

そもそも米軍機は外国軍隊の航空機である。自衛隊機以外といっても、日本の民間機と同列には扱えない。米軍が日本に駐留する外国軍隊として、日本国内で何ができて、何ができないのか、米軍の権利、法的地位を定めているのが、日米地位協定である。だから地位協定に、米軍機が自衛隊の訓練空域を使用できる法的根拠がなければならないはずである。

この点に関して防衛省側の説明は、「大本には、日米地位協定第二条がある」というものだった。しかし、地位協定第二条はあくまでも米軍への「施設及び区域」すなわち基地の提供に関する規定である。米軍は「日本国内の施設及び区域の使用を許される」とされ、それぞれの施設及び区域を提供する際の個別の協定は、日米合同委員会を通じて日米両政府が締結すると定めている。

したがって、米軍に提供された施設及び区域ではない自衛隊の訓練空域は、そもそも地位協定第二条とは関係がないはずである。

地位協定第二条には、自衛隊が管理する施設及び区域を米軍が共同使用する際の規定（第二条四項b）もふくまれている。それにもとづいて自衛隊の基地を米軍が共同使用している事例もある。だが、防衛省が公表している共同使用の施設及び区域の一覧には、自衛隊の訓練空域はふくまれていない。だから、地位協定第二条にもとづく共同使用というわけでもないのである。

法的根拠はあいまいなまま

米軍は自衛隊の高高度訓練空域だけではなく、低高度訓練空域も使用している。群馬県などの上空の「エリア3」、島根県と広島県にまたがる「エリア7」である。『航空路誌』の「航行上の警告」には、自衛隊の低高度訓練空域を自衛隊機以外の訓練／試験機が使用する場合についての記述はない。

だから、前述した『航空路誌』の「航行上の警告」中の該当部分は、米軍が自衛隊の低高度訓練空域を使用している法的根拠にはならないのである。私が防衛省に対し、そう指摘すると、次のような説明を受けた。

「自衛隊のそれぞれの低高度訓練／試験空域を使用する米軍部隊と自衛隊の各使用統制機関との部隊間の調整の協定がある。それらが、米軍による自衛隊の低高度訓練／試験空域の使用の法的根拠となる」

そこで、私は情報公開法にもとづき防衛省に対し、二〇一八年三月に、その「部隊間の調整の協定」の文書開示請求をした。すると同年六月、航空自衛隊の西部航空方面隊司令部の「高々度飛行訓練空域ＲＪＤ５６７／Ｑ及び低高度訓練空域第７の使用について（通達）」（二〇一三年三月二五日付）という文書の一枚目（Ａ４判）だけが開示された（写真８）。それは司令官らの決裁を受けるために部下が通達の案文を報告した用紙である。島根県と広島県にまたがる高高度訓練空域「エリアＱ」と低高度訓練空域「エリア７」に関するものだ。

しかし、その続きに書かれてあるはずの肝心の通達の中身は、開示・不開示の決定に時間がかかるとの理由で、決定までの期間が延長されたままである（二〇一八年一二月の時点で）。また「エリア３」に関しては、同様の通達が存在するのかどうかも不明のままだ。これでは、「米軍部隊と自衛隊の各使用統制機関との部隊間の調整の協定」の具体的内容はわからない。

だが、いずれにしても、このような「部隊間の調整の協定」は、米軍が自衛隊の訓練空域を使用する際の手続きを取り決めたものである。手続き以前の問題として、そもそも米軍による自衛隊の訓練空域の使用の法的根拠を、明確に示せる文書だとは考えにくい。外国軍隊としての米軍が、自衛隊の訓練空域を使用するには、地位協定に明確な根拠規定がなければ

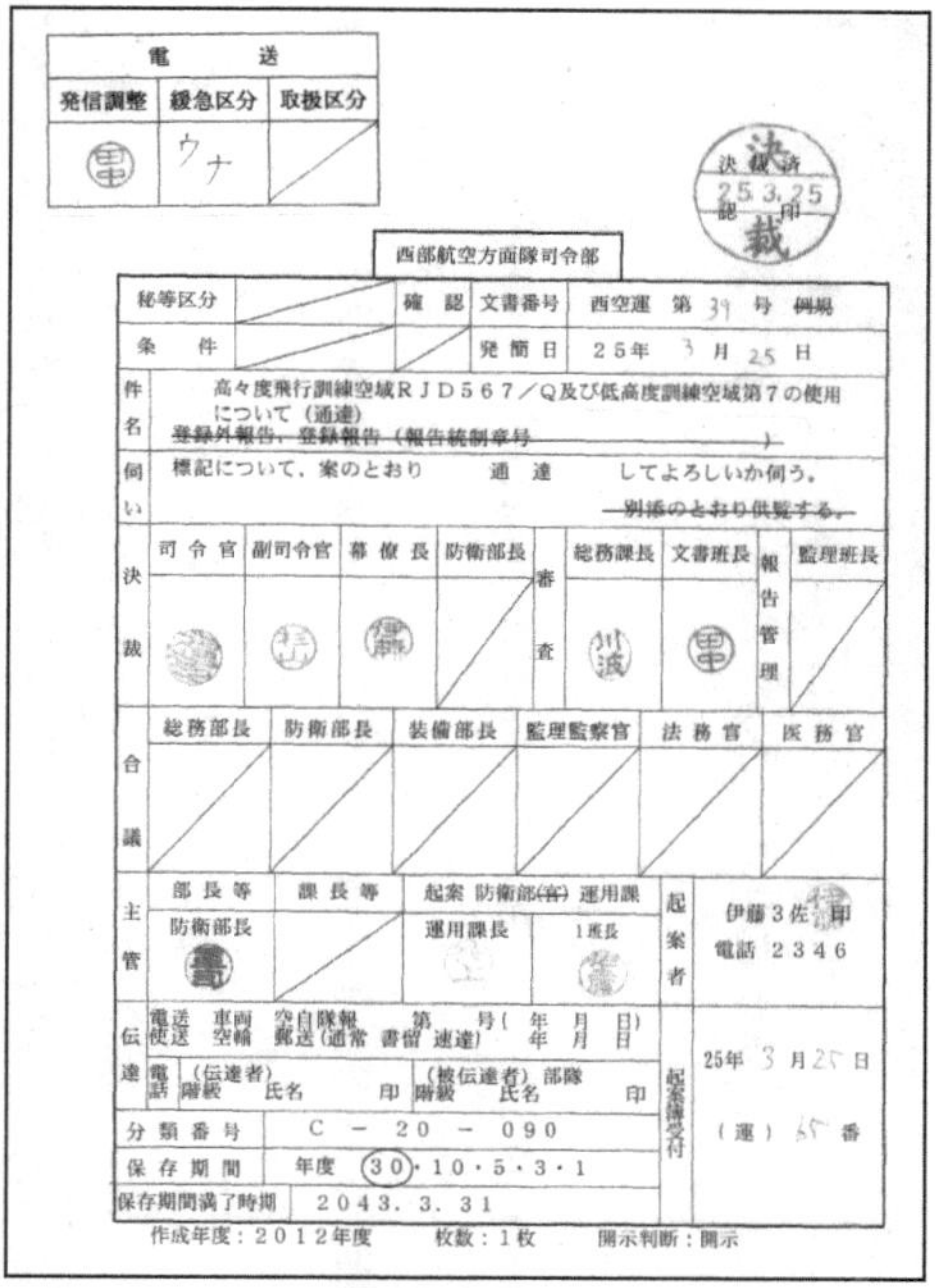

電送		
発信調整	緩急区分	取扱区分
	ウナ	

決裁済 25.3.25 認印

西部航空方面隊司令部

秘等区分		確認	文書番号	西空運 第 39 号 ~~例規~~
条件			発簡日	25年 3 月 25 日

件名：高々度飛行訓練空域ＲＪＤ５６７／Ｑ及び低高度訓練空域第７の使用について（通達）
~~登録外報告、登録報告（報告統制章号　　）~~

伺い：標記について、案のとおり　通達　してよろしいか伺う。
~~別添のとおり供覧する。~~

決裁	司令官	副司令官	幕僚長	防衛部長	審査	総務課長	文書班長	報告管理	監理班長

合議	総務部長	防衛部長	装備部長	監理監察官	法務官	医務官

主管	部長等	課長等	起案 防衛部~~(室)~~ 運用課		起案者	伊藤3佐 印 電話 2346
	防衛部長		運用課長	1班長		

伝達	電送 車両 空自隊報 第 号（ 年 月 日） 使送 空輸 郵送（通常 書留 速達） 年 月 日		起案簿受付 25年 3 月 25 日 （運） 65 番
	電話 （伝達者） 階級 氏名 印	（被伝達者） 部隊 階級 氏名 印	
分類番号	C － 20 － 090		
保存期間	年度 ㉚・10・5・3・1		
保存期間満了時期	2043. 3. 31		

作成年度：２０１２年度　　枚数：１枚　　開示判断：開示

写真8　航空自衛隊の西部航空方面隊司令部の訓練空域使用に関する文書の1枚目

ならないことに変わりはないからだ。

米軍の都合に合わせた外務省機密文書の解釈

この問題について外務省機密文書『日米地位協定の考え方・増補版』は、どのような見解を示しているのか見てみよう。同文書は地位協定の解釈と運用に関する外務官僚の裏マニュアルで、その内容にそって国会での政府答弁がつくられる。

同文書はまず、自衛隊の訓練空域は特定の「国内法によって定められている空域ではない」としたうえで、おおむね次のように説明している。以下はその要約である。

米軍機は飛行訓練のため自衛隊の訓練空域を使用している。航空法など国内法は、「航空機の飛行訓練を一定の訓練空域で実施すべき」と定めてはいない。だから、自衛隊の訓練空域は「国内法によって定められている空域」ではない。また、自衛隊だけに使用を認めているわけではない。自衛隊以外の組織が使用するために必要な条件、手続きなどを法律で定めているわけでもない。

そもそも自衛隊の訓練空域は、訓練中の自衛隊機と民間航空機との衝突事故（「雫石《しずくいし》事故」）[*注8]がきっかけで設定された。事故の直後、政府は「航空交通安全緊急対策要綱」（一九七一年八月七日）を策定し、自衛隊の訓練空域を民間航空路と完全に分離すると決めた。それまでは自衛隊の訓練空域は特に限定されていなかった。

こうして、自衛隊の訓練空域は防衛庁（現防衛省）と運輸省（現国土交通省）が協議して設定し、『航空路誌』などで告示されることになった。

つまり自衛隊の訓練空域は、何らかの法令にもとづいて定められた空域ではなく、「航空交通安全緊急対策要綱」にもとづき航空交通の安全を図るための「行政上の措置」として設定されたものである。米軍は自衛隊と調整したうえで、自衛隊の訓練空域を使用しているのが実態である。

この説明と合致する国会での次のような政府答弁もある。

「射撃等を伴わない形でのいわゆる戦技の訓練を行うというような場合には、昭和四十六年八月の航空交通安全緊急対策要綱というものがあるけれども、そこに定められている自衛隊の訓練空域を米空軍と航空自衛隊との間で調整をしながら、米空軍はそれを利用して訓練を行っている」（一九八七年八月二七日、参議院内閣委員会、渡辺允《わたなべまこと》外務大臣官房審議官）

確かにこれで自衛隊の訓練空域が、特定の法令にもとづいたものではなく、政府機関どうしの「行政上の措置」によるものだとわかる。

私が防衛省に対し、自衛隊の訓練空域の法的根拠を記した文書の開示請求をした結果、開示された文書もその「行政上の措置」を記したものだった。それは、当時の運輸大臣と防衛庁長官が取り交わした、「航空交通の安全を確保するための運輸省の航空行政と自衛隊の業務との間の調整に関する覚書」（一九七二年三月三日付）である。

それは前述の「航空交通安全緊急対策要綱」を具現化したものだ。同要綱による自衛隊の訓練空域と民間航空路の分離という方針にそって、自衛隊の訓練空域の設定や変更の際、運輸省と防衛庁であらかじめ協議することなどが盛り込まれている。

この「行政上の措置」が自衛隊の訓練空域の法的根拠だというのが、政府の見解なのである。「国内法によって定められている空域」ではないが、「行政上の措置」という一種の行政手続きで、訓練空域の設定が可能だというのである。

しかし、この外務省機密文書の説明は、米軍による自衛隊の訓練空域の使用の法的根拠を示してはいない。単に、「米軍は自衛隊と調整したうえで、自衛隊の訓練空域を使用している」という実態、手続きについて述べているだけだ。

それでは、日米地位協定上、何の根拠規定もない米軍による自衛隊の訓練空域の使用を、日本政府はどのように正当化しようとするのだろうか。

＊注8　「雫石事故」とは、一九七一年七月三〇日に岩手県雫石町上空で訓練中の自衛隊戦闘機と定期便の全日空機が空中衝突し、墜落した事故。自衛隊のパイロットはパラシュートで脱出して無事だったが、全日空機の乗員・乗客合わせて一六二人全員が死亡した。

米軍は施設・区域外で飛行訓練できるのか

この問題は根本的には、米軍が地位協定にもとづくとされる施設・区域、すなわち米軍専用の訓練空域（訓練区域）外で飛行訓練をする法的根拠とは何かに行き着く。この点について、日本政府は次のような見解を示して、米軍の施設・区域外での飛行訓練を認めている。

「一般に、日米地位協定は、低空飛行訓練を含め、実弾射撃を伴わない飛行訓練について、在日米軍の使用に供している施設・区域の上空に限って行うことを想定しているわけではなく、在日米軍は、施設・区域でない場所の上空において飛行訓練を行うことが認められている」

（二〇一三年三月一二日、衆議院予算委員会、岸田《きしだ》文雄《ふみお》外務大臣の答弁）

いかにも日米地位協定で認められているかのような答弁だ。施設・区域外での飛行訓練も認められているので、米軍は自衛隊の訓練空域を使えるし、低空飛行訓練ルートや飛行訓練エリアも設定できるという理屈なのである。しかし、それではいったい地位協定のどこにそんなことが書かれているのだろうか。

この疑問をめぐって国会でも野党議員が追及している。たとえば二〇一〇年五月二〇日の参議院外交防衛委員会で、井上哲士《いのうえさとし》議員（共産党）は「エリアH」と「エリア3」における米軍機の低空飛行訓練が、群馬県民に多大な騒音被害や墜落事故などの不安を与えている問題を取り上げた。そして、米軍の低空飛行訓練の法的根拠について質問した。

「政府はこれまで、安保条約の目的達成のために米軍が施設・区域以外の上空でも通常の飛行訓練〔実弾射撃を伴わない〕を行うことは地位協定上認められるということで、この低空飛行訓練について答弁してきた。地位協定上認められると言うが、そのことは明文的に一体地位協定のどこに書かれているのか」

当時の民主党政権・福山哲郎外務副大臣の答弁は次のとおりだ。要するに、地位協定に書かれてはいないが、日米安保条約のための軍事活動だから認められるというものである。

「日米の地位協定の特定の条項に明記されているというわけではなく、日米安保条約及び日米地位協定により、米軍が飛行訓練を含む軍隊としての機能に属する諸活動を一般的に行うことを前提とした上で、日米安保条約の目的達成のために我が国に駐留することを米軍に認めていることから導き出される」

地位協定に法的根拠のない低空飛行訓練

ここでまず注目すべきは、「施設・区域」すなわち米軍専用の訓練空域以外の上空で、米軍が飛行訓練をする法的根拠は、日米地位協定に明記されてはいないことだ。

ところが外務副大臣は、地位協定に明記されてはいないが、一般論として、安保条約により米軍の日本駐留を認めている以上、飛行訓練など米軍の軍事活動を認めることは当然の前提となっているので、低空飛行訓練についても問題はなく、安保条約の趣旨からして認められるというのである。同様の見解は自民党政権においても示されている。

しかし、こうした答弁は論点をすりかえている。論点はあくまでも、米軍による施設・区域外の上空での飛行訓練を認める法的根拠が、地位協定に書かれているかどうかだ。

たしかに安保条約で認められた米軍の日本駐留は、米軍が日本国内で飛行訓練などの軍事活動をおこなうことを当然の前提としている。だからこそ、飛行訓練などの軍事活動のために、地位協定にもとづいて施設・区域を提供しているのである。

軍事活動のために施設・区域を設けてあるのだから、軍事活動は施設・区域の中でおこなうのが当然だ。施設・区域の外でも飛行訓練などの軍事活動をおこなってよいというのなら、米軍のためにわざわざ施設・区域を提供した意味がないではないか。これでは日本中どこでも米軍は好き勝手に訓練できることになる。危険な低空飛行訓練も野放しだ。

そもそも米軍機は外国軍隊の航空機である。米軍が日本に駐留する外国軍隊として、日本国内で何ができて、何ができないのか、米軍の権利や義務すなわち法的地位を定めているのが、日米地位協定である。だから、米軍が施設・区域外で飛行訓練などの軍事活動をするには、地位協定上の法的根拠が必要なのは当然だ。

この点については、過去の日本政府の国会答弁でも、たとえば次のような見解を示し、米軍による施設・区域外での軍事活動は認めない方針だった。


「〔米軍は〕上空に対してもその区域内で演習をする、こういう取りきめになっている」

（一九六〇年五月一一日、衆議院日米安全保障条約等特別委員会、防衛庁・赤城《あかぎ》宗徳《むねのり》長官）


「米軍に提供すべき施設、区域は、すべて〔日米〕合同委員会による合意を要するわけであるから、そういうふうにして提供された施設・区域以外のものを米軍が使用することは

できない」　（一九七五年二月二五日、衆議院予算委員会、外務省・山崎《やまざき》敏夫《としお》アメリカ局長）

外務省機密文書『秘　日米地位協定の考え方・初版』（一九七三年。以下『日米地位協定の考え方・初版』）でも、同様の見解が述べられていた。

「米軍は、協定第五条で規定される如き国内での移動等の場合を別とすれば、通常の軍隊としての活動（例えば演習）を施設・区域外で行うことは、協定の予想しないところであると考えられる」

このように地位協定は、第五条で認めた米軍の日本国内での移動などのケースを除いて、そもそも施設・区域外での米軍の演習や訓練など軍事活動を予想、想定していないのである。したがって、上記の外務省アメリカ局長（現北米局長。日米合同委員会の日本側代表）の答弁にもあるように、「施設、区域以外のものを米軍が使用することは」できないのである。当然、施設・区域外での飛行訓練なども認められるはずがない。地位協定で認められた施設・区域以外での軍事活動は、安保条約・地位協定に違反しており、主権侵害だといえる。

施設・区域外での訓練は安保条約に違反する

実際、米軍による施設・区域外での訓練は「認められない。安保条約違反だ」として、日本政府がアメリカ政府に抗議の申し入れをして止めさせた事例が、過去にある。一九七四年、当時の自民党政権・三木武夫《みきたけお》内閣でのことだ。

事の発端は、一九七四年一二月二三日、山口県岩国市沖合の手島という無人島で、米海兵隊岩国基地所属の航空救難ヘリコプターが、救難訓練をおこなった際、地上の兵員が合図のため使用した発煙筒が異常発火して起きた山火事だった。約三ヘクタールの山林が焼失した。

そして、米軍が五、六年前から手島とその付近の無人島合わせて六つの島で、訓練をしていたことが明らかになった。それらの島は地位協定にもとづく施設・区域ではない。岩国市街地から遠い無人島のため、市当局もそれまで米軍による訓練の事実を知らなかった。この施設・区域外での米軍の軍事活動は、国会でも取り上げられて問題となった。

一九七五年二月二五日の衆議院予算委員会、小川新一郎《おがわしんいちろう》議員（公明党）の質問、「日米合同委員会で決定した提供区域以外の場所を米軍が使用することはできるか」に対し、当時の外務省の山崎敏夫アメリカ局長は、

「提供された施設、区域以外のものを米軍が使用することはできない」と答え、このような米軍の行為は「安保条約の規定に反する」と明言した。

さらに、外務省の対応を質《ただ》した小川議員への答弁で、山崎局長は「われわれも、この事件を知って、大変驚いた」と述べ、事件の五日後、在日アメリカ大使館公使を呼んで、「深く遺憾の意を表明」し、次のように申し入れたと説明した。

「日米安保条約の規定から見て、このような訓練は認められない、したがって今後一切、このような訓練は行わないように申し入れた」

それに対しアメリカ大使館公使も、「深甚なる遺憾の意を表明」し、こう確言したという。

「今後、このような訓練を一切行わないように必要かつ適切な措置をとることを保障する」

この問題は、一九七五年三月三日の衆議院予算委員会でも再び取り上げられた。山田太郎《たろう》議員（公明党）の質問、「安保条約によって提供されていないところで軍事演習が行われた、これは重大な安保条約違反である。総理はどう思われるか」に対し、三木武夫総理大臣はこう答弁した。

「地位協定にある区域の中に入っていないところで演習をすることは、安保条約の趣旨からして、これは違反であると言えば違反ということになる」

このように一九七五年当時、総理大臣をはじめ日本政府は米軍の施設・区域外での訓練・演習を認めていなかったのである。「安保条約違反」とはっきり表明しており、地位協定だけでなく安保条約の趣旨からしても認められないとの姿勢をとっていた。

一八〇度態度を変えた日本政府

ところが、日本政府の姿勢はいつのまにか一八〇度転換してしまう。

一九八七年八月一二日に奈良県十津川村の峡谷で、横須賀基地を母港とする米海軍の空母ミッドウェーの艦載機EA6B電子戦機が、谷底から約二〇〇メートルの高さに張られた木材運搬用ワイヤを切断する事故が起きた。その一帯は米軍の訓練空域ではなく、事故を起こした米軍機は、施設・区域外での低空飛行訓練をおこなっていたのである。

この事故をきっかけに、一九八〇年代後半から各地で目撃されていた、米軍の施設・区域外での低空飛行訓練の問題が注目を浴び、国会でも取り上げられるようになった。事故からまもない八七年八月二四日、衆議院安全保障特別委員会で左近正男《さこんまさお》議員（社会党、当時）が、米軍の訓練空域以外での飛行訓練の法的根拠は何かを問いただした。

政府側の答弁は一般論として安保条約の趣旨を持ち出し、米軍の施設・区域外での訓練を正当化しようとするものだった。当時の外務省の斉藤邦彦《さいとうくにひこ》条約局（現国際法局）長が次のように答弁した。

「安保条約及び地位協定は、米軍が同条約の目的のために、飛行訓練を含めて軍隊としての機能に属する諸活動を、一般的に行うということを当然の前提としている。したがって、どのような訓練でも、どこででもできるということを、我々は申し上げているのではない。けれども、安保条約ないし地位協定に具体的に書いてなければ、そのような行動ができないとは考えていない。したがって、今回のような飛行訓練、タッチ・アンド・ゴーとか射爆を伴うものでないような飛行訓練は、地位協定に具体的に書いていないけれども、施設、区域の中でなければできないとは考えていない。〔その〕法的根拠は、安保条約及び地位協定に基づいて米軍の駐留を認めているという一般的な事実だと考えられる」

この答弁は、その後、現在にいたるまで、米軍の施設・区域外での低空飛行訓練を正当化する政府見解の原型となったものだ。しかし、いかにも官僚的な言い回しの答弁に対し左近議員は、それは安保条約と地位協定を拡大解釈したもので認められないと、こう批判した。

「非常にあいまいである。日本じゅうどこででも、公共上の危険がなければアメリカの飛行機は安保条約上その理念から訓練ができると国民が聞いたら、非常に不安に思うのではないか」「こんな大事な問題が、ただ単に安保条約なり地位協定の理念だけで拡大解釈されたらたまったものではない。やはりそこには厳格な歯どめ、線引きをしてもらわなければならぬ」

米軍の軍事活動への歯止めが失われる

地位協定では、第三条一項で、米軍が施設・区域内で「それらの設定、運営、警護及び管理のため必要なすべての措置を執ることができる」と定め、その中に訓練もふくまれると解されている。

また第五条二項は、米軍の施設・区域への出入り、施設・区域間の移動、施設・区域と日本の港や飛行場との間の移動の権利を認めている。ただし移動はあくまでも移動であって、訓練を伴うものであってはならない。

このように地位協定は、米軍の軍事活動に対して一定の歯止め・線引きを設けているのである。

米軍の施設・区域外での飛行訓練が、施設・区域間の移動にあてはまらないことは、斉藤条約局長とともに答弁に立った外務省の藤井《ふじい》宏昭《ひろあき》北米局長が、こう認めている。

「地位協定第五条二項は米軍の施設、区域間の移動の自由をうたっている。したがって、その移動が自由であることは明確であるけれども、今回の訓練飛行がその移動に当たるものではない」

そこで、かれら外務官僚が考え出したのが、「タッチ・アンド・ゴーとか射爆を伴うものでないような飛行訓練」なら、施設・区域外での飛行訓練であっても、「安保条約及び地位協定に基づいて米軍の駐留を認めているという一般的な事実」から、例外的に認められるという拡大解釈である。

タッチ・アンド・ゴーとは前述したが、着陸態勢から滑走路に接地した直後すぐに上昇する訓練。射爆とは実弾による射撃や爆撃を指す。この二つは「地上に直接の影響を及ぼす」(藤井北米局長の答弁)が、それらを伴わない飛行訓練は「地上の安全を害さない範囲における」（同前）訓練なので、施設・区域外であっても問題はないというのである。

しかし、全国各地での米軍機の低空飛行訓練において、墜落や部品落下などの事故、墜落による山火事、爆音による騒音、木材運搬ケーブルの切断、超音速の衝撃波による建物のガラス破損や農家の土蔵の倒壊、爆音に驚いた地鶏たちの圧死、爆音に驚いた馬からの落馬事故など、地上に直接の影響を及ぼし、地上の安全を害することが現に起きている。住民の平穏な生活・安全・人権が侵害されている。「地上の安全を害さない範囲における」訓練とは、とても言えないのが実態である。

また藤井北米局長は、「単純なる飛行の慣熟の訓練というものは、常識的に考えて施設、区域あるいは訓練空域というところに限定されるべきでない」と答弁している。単に飛行に慣れて飛行技術を上達させるための訓練だから、施設・区域外で実施しても問題ないというのである。

しかし、低空飛行訓練は単なる飛行技術を磨くための訓練ではない。模擬爆弾や模擬ミサイルを装着し、ダム、発電所、道路、工場など地上の建造物を仮の標的に見立て、急降下・急上昇を伴う実戦的で危険な対地攻撃訓練なのである。

外務官僚が考え出した拡大解釈を容認してしまえば、米軍の軍事活動に対する一定の歯止め・線引きが失われてしまうのは目に見えている。

日米合同委員会での密約はないのか

それにしてもわずか一二年ほどの間に、なぜ日本政府は一八〇度態度を変えてしまったのか。

上記の斉藤条約局長の答弁で、「とは考えていない」、「と考えられる」という言い回しが多用されていることからも察しがつくように、あくまでも安保条約・地位協定の担当部署の、ごく限られた外務官僚がそう考えて解釈しているにすぎないのである。

しかも、「〔その〕法的根拠は、安保条約及び地位協定に基づいて米軍の駐留を認めているという一般的な事実だと考えられる」とまで主張するにいたっては、拡大解釈以外のなにものでもない。

そのようなあいまいな「一般的な事実」が法的根拠になるのなら、地位協定の個々の条文で具体的な取り決めをして、それぞれ法的根拠を明確にしている意味がない。そんなことでは、日本における米軍の活動に対して何の歯止めもなくなってしまうではないか。

斉藤条約局長は、「安保条約ないし地位協定に具体的に書いてなければ、そのような行動ができないとは考えていない」という。

しかし、地位協定の法的根拠である安保条約第六条――日本での米軍による施設・区域すなわち基地や訓練空域などの使用の根本的な法的根拠――を見ると、そんなあいまいな考え方は通用しないことがわかる。

安保条約第六条は、米軍は「日本国の安全に寄与し、並びに極東における国際の平和及び安全の維持に寄与する」ため、日本での施設・区域の使用を許されると定めている。それにもとづいて、具体的な施設・区域の使用と米軍の法的地位（日本における米軍の権利や義務など）は、地位協定と「合意される他の取極《とりきめ》」によって規律されるとしている。「合意される他の取極」とは、地位協定に付随する合意議事録、交換公文、日米合同委員会の合意など、日米両政府間の取り決めを意味する。

このように、米軍が日本国内で何ができて、何ができないのか、すなわち米軍の法的地位は、地位協定と「合意される他の取極」によって決められ、律せられるのである。「米軍の駐留を認めているという一般的な事実」という漠然たるものによってではない。

だから、地位協定に施設・区域外での訓練を認めると明記されていない以上、それが認められるためには、安保条約第六条にもとづく「合意される他の取極」が必要なのである。しかし、斉藤条約局長が答弁した一九八七年八月の時点で、そのような「合意される他の取極」は、公表されているかぎりでは存在しない。この点について、左近議員も国会質問で鋭く指摘している。

「今の答弁では、地位協定五条二項のほかに何か裏の申し合わせみたいなのをアメリカとやっているのと違うか。やっていなければ、そんな解釈が出るはずない。地位協定五条二項には移動という項目が書いてある。訓練空域もしっかりと定められている。それ以外にアメリカの飛行機が爆弾さえ落とさなかったら日本国じゅうどこででも訓練してもいい、そんなばかなことに安保条約上はなっていない」

「何か裏の申し合わせ」すなわち密約をアメリカ側と交わしているのではないか。そう追及したのである。しかし、斉藤条約局長も藤井北米局長も、この質問に対して正面から答えなかった。ただ安保条約・地位協定の拡大解釈としかいえない見解を述べることに終始した。

ここでひとつの疑問が生じてくる。米軍の施設・区域外での飛行訓練をめぐって、それを認める密約が日米合同委員会あたりで結ばれていたのではないのだろうか。密《ひそ》かに安保条約第六条にもとづく「合意される他の取極」として。

日米合同委員会の密室協議による合意事項は、第一章で述べたように、日米双方の合意がないかぎり公表されない扱いとなっており、原則非公開である。しかも、その合意は「いわば実施細則として、日米両政府を拘束する」ほどの大きな効力を持つとされている（68ページ)。「いわば実施細則」にすぎないのにである。
そして、「横田空域」や「岩国空域」での米軍による航空管制を、国内法上も、地位協定上も法的根拠がないのに、日米合同委員会の「航空交通管制に関する合意」すなわち「航空管制委任密約」によって、事実上、委任したケースのように、米軍の特権を密かに認める仕組みとして、日米合同委員会の密室協議による合意システムは都合がいい。

なお、日米合同委員会の合意がすべて安保条約第六条の「合意される他の取極」にふくまれるのかどうかについて、私は外務省北米局の日米安全保障条約課に問い合わせた。

同課の担当者によると、日米合同委員会の合意には、「安保条約第六条の『合意される他の取極』に該当するものとしないものがあり、その区別はそれぞれの合意の内容と性質によるため、個別の合意を精査してみなければわからない」という。現時点で、「その区別はされておらず、どれが『合意される他の取極』に該当するのか整理できていない」とのことだ。

しかし、この説明はあいまいであり、日米合同委員会の合意と安保条約第六条の「合意される他の取極」の関係性を日本政府がどう位置づけているのかがわからない。このような重要な点について、「整理できていない」ということ自体にわかには信じがたい。日米合同委員会で都合よく解釈して、同委員会の合意を安保条約第六条の「合意される他の取極」として効力を持たせるようにしているのではないかとも考えられる。

外務省機密文書で準備されていた拡大解釈

日米合同委員会で、米軍の施設・区域外での飛行訓練を認める合意が密かに交わされたのかどうか。合意文書も議事録も原則非公開なので、確認はできない。

前述のように、一九六〇年五月に当時の防衛庁長官は、「〔米軍は〕上空に対してもその区域内で演習をする、こういう取りきめになっている」と国会で答弁していた。七三年四月作成の外務省機密文書『日米地位協定の考え方・初版』にも、米軍の施設・区域外での演習や訓練など軍事活動は、そもそも地位協定では想定されておらず、認められない旨の見解が書かれていた。七五年三月にも国会で、施設・区域外での訓練・演習は「安保条約違反」だと、時の総理大臣も認めていた。

ところが、一九八七年八月の国会で日本政府は、一転してそれを認める答弁へと切り換えた。そして実は、それよりも前、八三年一二月作成の『日米地位協定の考え方・増補版』で、すでに米軍の施設・区域外での飛行訓練を認める見解が記されていたのである。射爆撃などを伴わない飛行訓練は、米軍専用の訓練空域内に限定されるものではないというのだ。

「空対地射爆撃等を伴わない飛行訓練は、本来施設・区域内に限定して行うことが予想されている活動ではなく、地位協定上、我が国領空においては施設・区域上空でしか行い得ない活動ではない」

このように『日米地位協定の考え方』の初版と増補版では、見解が大きく食い違っている。つまり、一九七五年以降、八三年一二月までの間に、外務省内で安保条約・地位協定を担当する北米局と条約局において、この問題に関する見解の変更、地位協定の拡大解釈がおこなわれていたと考えられるのだ。それが、八七年八月の国会での政府答弁の転換につながったのではないか。拡大解釈による一八〇度の政府見解の変更は、外務省内部において以前から準備されていたとみられる。

しかし、このような拡大解釈による政府見解の変更は、単に外務省内でのみおこなわれ、完結したものだとは考えにくい。やはりこれだけの重大な問題は、日米合同委員会でも取り上げられ、米軍側と協議したうえで何らかの合意が結ばれたのではないのだろうか。日米合同委員会の日本側代表は外務省の北米局長なのである。米軍側が全国各地での低空飛行訓練を自由に実施できるよう、施設・区域外での飛行訓練を認める地位協定の拡大解釈を望んでいたことは想像に難くない。

日米合同委員会の厚い秘密の壁

その後、日米合同委員会では一九九九年一月一四日に、「在日米軍による低空飛行訓練について」という合意が交わされ、公表されている（１０１～１０２ページ）。その中で低空飛行訓練が次のように正当化されている。

「日本において実施される軍事訓練は、日米安全保障条約の目的を支えることに役立つものである。空軍、海軍、陸軍及び海兵隊は、この目的のため、定期的に技能を錬成している。戦闘即応体制を維持するために必要とされる技能の一つが低空飛行訓練であり、これは日本で活動する米軍の不可欠な訓練所要を構成する」

米軍の軍事的ニーズを全面的に打ち出し、安保条約の目的とからめて、低空飛行訓練を認める内容である。低空飛行訓練に際して米軍は「安全性を最大限確保」し、「住民に与える影響を最小限にする」と合意しているが、実際に守られているとは言いがたい（96～97、および１０２～１０５ページ）。

この合意の文書には、「低空飛行訓練を実施する区域」という言葉が出てくる。この区域が具体的に何を意味するのかについて、政府は「地位協定上の在日米軍施設・区域に限られるものではない」と答弁している（二〇一三年三月一二日、衆議院予算委員会、岸田文雄外務大臣）。

つまり、施設・区域すなわち米軍専用の訓練空域に限らず、施設・区域外での低空飛行訓練も認めるというのである。合意文書にそう明記されてはいないが、施設・区域外での低空飛行訓練を認めることが大前提になっているわけだ。

だから、その大前提となる、米軍の施設・区域外での飛行訓練を認めて明文化した別の合意が、一九九九年一月一四日の「在日米軍による低空飛行訓練について」よりももっと前の、八七年八月の国会での政府見解の転換表明以前に、日米合同委員会で結ばれていたのではないか。あるいは、八三年一二月作成の『日米地位協定の考え方・増補版』で、施設・区域外での飛行訓練を認める見解が記されるに至るまでの時期に結ばれていたのか。とにかく、そう推測せざるをえないのである。

米軍は在日米軍基地に、アジア・太平洋地域から中東までも睨《にら》んだ航空戦力を前方展開させて配備している。米軍にとって、前方展開した航空部隊がいちいちアメリカ本国までもどって低空飛行訓練などをおこなうのは、効率が悪い。時間も燃料も余計にかかり、パイロットの負担も増える。配備先の日本で訓練するほうが効率的なのである。だから、どうしても施設・区域外での飛行訓練を日本政府に認めさせる必要があったのだと考えられる。

しかし、日米合同委員会の議事録や合意文書は原則非公開だ。ごく一部の合意文書やその要旨が公表されることはあっても、「航空管制委任密約」などのように日米両政府にとって都合の悪いことは隠されるのが常である。日米合同委員会で実際にどのような合意がなされているのか、全面的に解明することは現状では不可能に近い。秘密の壁はどこまでも厚い。

米軍の既成事実を追認した日本政府

一九九九年の日米合同委員会での合意「在日米軍による低空飛行訓練について」は、結果的に米軍による施設・区域外での飛行訓練にお墨付きを与えているかのようにみえる。しかし本来、地位協定上に法的根拠のないことを、日米合同委員会の合意で決めることはできないのである。「合意される他の取極」にしても、地位協定に付随するものであり、日本における米軍の法的地位を根本的に定めた地位協定上に法的根拠のないことを取り決めることはできない。

外務省の裏マニュアル『日米地位協定の考え方・増補版』にも、「合同委員会は、当然のことながら地位協定又は日本法令に抵触する合意を行うことはできない」と書かれている。

地位協定について法的観点から詳述した『在日米軍地位協定』（本間浩著　日本評論社　一九九六年）でも、日米合同委員会で合意できる事項の範囲は、「地位協定の実施に関する細則」に限られており、「地位協定に定められている原則の内容を変更したり、地位協定に定められていない新たな原則を設定すること」はできないと指摘されている。

地位協定では、米軍の訓練など軍事活動のために施設・区域を提供すると定め、米軍のための訓練空域も設定されている。日本中どこでも米軍の訓練場所とならないよう、外国軍隊の行動に一定の歯止めをかけているのである。

それが「地位協定に定められている原則」である。米軍による施設・区域外での飛行訓練を認めることは、まさに地位協定の原則の内容の変更あるいは新たな原則の設定にあたると考えられる。だから、米軍による施設・区域外での飛行訓練を大前提とする合意を、日米合同委員会で交わすこと自体、正当性がないといえる。

結局、米軍が一九八〇年代後半からひんぱんにおこなうようになった日本各地での低空飛行訓練を、日本政府は既成事実として追認したということなのである。そのために、地位協定上、法的根拠のない施設・区域外での飛行訓練を、「安保条約及び地位協定に基づいて米軍の駐留を認めているという一般的な事実」というあいまいな理由による拡大解釈で、正当化を図ったのである。

このように「横田空域」など日本全国の空を米軍が軍事訓練のためにフル活用し、各地の住民に騒音被害や墜落事故などの危険をもたらし、主権と人権を侵害している状態の根本には、外務省・日本政府が強引な拡大解釈によって、地位協定上の法的根拠もなく米軍による施設・区域外での飛行訓練を認めている問題がある。そして、その背後には日米合同委員会の密室協議を通じた米軍側の要求があったのではないだろうか。

第四章

米軍を規制できるドイツ・イタリアとできない日本

世界的にみても異例な「横田空域」

それにしても、「横田空域」や「岩国空域」のように、外国軍隊が駐留先の国で民間航空機に対する航空管制までも広範囲におこなって管理している事例が、他国にもあるのだろうか。この点について、過去の国会での政府答弁では、こう述べられている。

「全世界のことを承知していないが、余り常識的なことではないことは確かだと思う」

（一九九五年一一月九日、参議院運輸委員会、運輸省〈現国土交通省〉・黒野《くろの》匡彦《まさひこ》航空局長）

航空管制をはじめ航空行政を管轄する政府部局の長が、「余り常識的なことではない」、つまり通常ではない非常識な部類に入ることだと認めているのである。私もこの点について国土交通省航空局に問い合わせてみた。

「諸外国でそのような例があるようだが、具体的にどこかということまではわからない」というあやふやな答えだけが返ってきた。

また、複数の国土交通省の航空管制官にもたずねてみたが、「横田空域や岩国空域のような事例が外国にもあるとは、聞いたことがない」とのことだった。

このように航空管制を管轄する国土交通省航空局においても、「横田空域」や「岩国空域」のような事例が他国にもあるのかどうか、具体的にはわからず、把握されていないのである。「横田空域」や「岩国空域」の存在は、世界的にみても珍しい異例なものと言っていいだろう。

沖縄県は二〇一八年二月、ドイツとイタリアに調査団を派遣し、それぞれの国がアメリカと結んだ地位協定の運用の実態を調査し、「他国地位協定調査中間報告書」を公表した（同年三月）。

長年、米軍機の騒音や事故、米兵犯罪、環境汚染など基地被害に苦しむ沖縄県は、米軍優位の不平等な日米地位協定の改定を求めてきた。しかし、日本政府はこの問題とまともに向き合う姿勢を一向に見せない。

そこで、沖縄県は故翁長雄志知事のもと、ドイツとイタリアにおける地位協定の運用の実態を調査し、日本の場合と比較することで、日米地位協定の不平等ぶりと改定の必要性をより明確にして、問題提起しようとしたのである。

この報告書によると、ドイツでの現地調査で、航空の安全面を管轄する政府機関「航空保安のための連邦監督局」（ＢＡＦ）の局長への聞き取りの結果、「横田空域」のような外国軍隊が管理する空域は、ドイツには存在しないことが明らかになっている。

ドイツでは、一九九三年に民間機と軍用機の航空管制が統合され、「ドイツ航空管制」(DFS)という組織が全面的に航空管制を担っている。ただし例外として、軍用機が出入りするドイツ軍基地と米軍基地での離着陸に関する航空管制は、それぞれドイツ軍と米軍がおこなっている。なお、「ドイツ航空管制」は九一年に政府の航空管制部門が民営化されてできた、一〇〇パーセント政府出資の法人である。

同報告書には、「ドイツ航空管制」の安全・保安・軍事部門の管理担当者の談話も載っている。それによると、米軍はドイツの航空法に従わなくてはならず、その規定にもとづいて、米軍機に対しても「ドイツ航空管制」が管制業務を実施している。米軍基地での離着陸機への航空管制は米軍がおこなっているが、それはドイツ全体からすれば小さな割合である。「ここはドイツなので、ドイツの法律に管轄権がある」と強調する管理担当者の言葉が印象的だ。

また同報告書によると、イタリアでは実質的な地位協定にあたる、「基地使用の実施手続きに関するイタリア国防省と米国国防総省の間におけるモデル実務取極《とりきめ》」(一九九五年に締結)第一七条四項で、「航空管制は、イタリアの直接的責任であって、適用可能な法規に準じて、かつこの分野についての相互協力を定める協定に従って行われる」と定めている。それにもとづき、イタリア軍が自らの基地だけでなく、米軍基地の航空管制もおこなっている。

このように、日本と同じ第二次世界大戦の敗戦国で、米軍が駐留するドイツ・イタリアでは、「横田空域」や「岩国空域」のような外国軍隊が管理する空域の存在を許さず、空の主権を確保しているのである。

米軍の活動を規制できるドイツとイタリア

日本とドイツ・イタリアでは、駐留米軍に対する政府の姿勢が大きく違うことがみえてきた。根本的な相違点として、沖縄県の「他国地位協定調査中間報告書」があげるのは、ドイツもイタリアも、「自国の法律や規則を米軍にも適用させることで自国の主権を確立させ、米軍の活動をコントロールしている」点である。米軍の活動に対して規制をかけることができているのだ。米軍の活動を規制できず、野放し状態といえる日本とは対極にある。

第一章で述べたように、「横田空域」と「岩国空域」での航空管制を日本政府は米軍に「事実上、委任」している。国内法である航空法には、外国軍隊に航空管制を委任できる規定はないが、日米合同委員会の密室での合意、すなわち密約（「航空管制委任密約」）によって米軍に特権を提供しているのだ。密約が国内法を超越していることになる。

それは、米軍に対して自国の法律を適用させられず、主権を確立できない日本政府の姿勢を象徴する実態である。「ここはドイツなので、ドイツの法律に管轄権がある」という、「ドイツ航空管制」の安全・保安・軍事部門の管理担当者の言明に象徴されるドイツ政府の姿勢とは対照的だ。

「他国地位協定調査中間報告書」によると、ドイツでは、地位協定にあたる「ボン補足協定」(一九九三年改正)の第五三条に、派遣国軍隊〔米軍などNATO諸国軍〕の施設・区域の使用に対しドイツ法令を適用すると明記されている。そして、第四五条で施設・区域外での演習や訓練に対して、第四六条で空域での演習・訓練に対して、それぞれドイツ法令を適用すると明記されている。

だから、ドイツでは米軍機にもドイツの航空法が適用され、騒音に関してもドイツの法律が適用される。そのため、米軍なども騒音基準を守らなければならない。米軍などによる施設・区域内での訓練・演習については、ドイツ当局の承認を得るため事前に届け出なければならない。施設・区域外での訓練・演習についても、ドイツ国防大臣の承認が必要である。空域での演習・訓練もドイツ当局の承認を得なければならない。訓練はドイツ軍が作成した規則に沿っておこなわれる。低空飛行訓練に関しても、ドイツ軍が定めた詳細な規則があり、米軍などもそれに従わなくてはならない。

低空飛行訓練も制限できる

「ドイツにおける外国軍隊の駐留に関する法制」（松浦一夫著『各国間地位協定の適用に関する比較論考察』内外出版　二〇〇三年）によると、低空飛行訓練はそのつど、飛行高度と飛行時間が決められている。優先的に飛行訓練がおこなわれる「低空飛行地域」と、低空飛行を禁じた「低空飛行保護区域」の、二つの空域をドイツ連邦国防省が設定することで、時間的・空間的に制限されている。

ジェット機の低空飛行は原則として約三〇〇メートルを最低高度とし、例外的に約一五〇メートルまで許可される。指定された「低空飛行地域」では、例外的に約七五メートルまで低空飛行が許される。プロペラ機・ヘリコプターの場合は、出動任務の性格により、最低飛行高度は適宜決められる（前掲書）。

また前出の『オスプレイとは何か　40問40答』中の松竹伸幸氏の記述によると、ドイツでの低空飛行訓練は、ドイツ軍も米軍などNATO諸国軍も、週末や祝日の飛行は禁止。平日も日没の三〇分後から日の出の三〇分前までの間は禁止である。最低飛行高度は原則として三〇〇メートルまで。それより低い高度での飛行には、ドイツ国防大臣の許可が必要だ。その際も、一九九四年の連邦裁判所の判決により、「騒音防止をふくむ市民の利益」を考慮することが義務づけられている。

その結果、三〇〇メートル以下の飛行はきわめて限定されている。三〇〇メートルから一五〇メートルの間の高度で飛行訓練できるのは、三つの部隊だけ。その訓練時間も年間で合計一六〇〇時間と決められている。一五〇メートルから七五メートルという超低空の飛行訓練ができる七つの空域（低空飛行地域）も設定されている。しかし、それを使用できるのはドイツ軍だけで、外国の軍用機は使用できない（前掲書）。

「日米地位協定の運用と変容─『各国間地位協定の適用に関する比較論考察』」（櫻川明巧著　内外出版　二〇〇三年）によると、一五〇メートルから七五メートルの高度で飛行訓練ができる七つの空域は、ドイツの国土面積の九パーセントに限定されている。七五メートル以下での飛行訓練は、ドイツ国内では全面的に禁止である。

このように低空飛行訓練には、ドイツ当局の承認が必要であることから、訓練の実態もドイツ当局が把握している。ドイツ国防省によると、ドイツでＮＡＴＯ軍（主に米軍）がおこなった低空飛行訓練は、一九九〇年には四万二一〇〇時間だったが、九五年には一万四〇〇〇時間となり、二〇〇〇年代に入るとさらに激減し、一六年には一四〇〇時間にまで減った（『琉球新報』二〇一八年二月一九日朝刊）。

低空飛行訓練の時間が大幅に減った背景には、冷戦が崩壊してソ連軍の脅威がなくなり、ドイツ統一もなされたことと、ＮＡＴＯ軍の低空飛行訓練がカナダなどＮＡＴＯ加盟国で分散実施もされるようになったことなどがある。

ただ、それだけではなく、前述のように一九九三年のボン補足協定の改定によって、外国軍隊にもドイツ国内法を適用できるようになり、訓練・演習の実施にドイツ当局の承認が必要とされ、前述のように低空飛行訓練を制限できるようになったことも影響している。

沖縄県の「他国地位協定調査中間報告書」は、「米軍の飛行もドイツ航空管制が原則としてコントロールし、空域での訓練はドイツ航空管制の事前許可が必要である」と総括している。

イタリアでも米軍の飛行訓練を制限

次はイタリアにおける米軍の低空飛行訓練についてみてみよう。

沖縄県の「他国地位協定調査中間報告書」によると、前出の「基地使用の実施手続きに関するイタリア国防省と米国国防総省の間におけるモデル実務取極」第一七条には、米軍の訓練行動などに対してイタリアの法規を遵守するものでなければならないと明記されている。米軍にはイタリアの国内法を守る義務があるのだ。

そして第一七条には、米軍の訓練行動などに関してイタリア軍司令官への事前通告やイタリアの関係当局による調整・承認が必要なことも明記されている。また、米軍側は部隊の演習の年間計画もイタリア軍司令官に報告しなければならない。

イタリア軍司令官は米軍がイタリアの国内法を遵守していないと判断した場合は、米軍司令官に忠告し、イタリアの上級の当局に助言を仰ぐことになっている。

同実務取極の第六条では、そもそも基地は「イタリアの司令部の下に置かれる」と規定されており、米軍基地に関してもイタリア軍が管理権を有している。米軍司令官は米軍の要員、装備、活動に関する軍事的指揮権は持っているが、米軍による重要な行動のすべてについて、事前にイタリア軍司令官に通知しなければならない。

「米軍のイタリア駐留に関する協定の構造と特色」（本間浩著『各国間地位協定の適用に関する比較論考察』）によると、その重要な行動とは、作戦行動、訓練、演習、兵員と兵員以外の要員の輸送、事件、事故などを指す。

またイタリア軍司令官は、原則として米軍基地にいかなる制限も受けず、自由に立ち入れる。その立ち入りの権限は基地内のすべての区域に及ぶ。特に、米軍の行動により公衆の生命や健康が危険にさらされることが明白な場合、イタリア軍司令官は干渉して中止させることができる。その通告を受けた米軍司令官は直ちに調査し、イタリア軍司令官と協議することになっている。問題が現地レベルでは解決できない場合、いずれの司令官もその解決を上級の権威に付託できる。

これらのことは「基地使用の実施手続きに関するイタリア国防省と米国国防総省の間にお

ける
モデル実務取極」で定められている。

このようにイタリアでも、米軍に対して国内法を適用し、米軍の行動を規制できるようになっている。当然、低空飛行訓練に関する規制もある。前出の「日本の空と米軍の欠陥機」によると、一九九九年四月にイタリアとアメリカの両政府は、米軍機の低空飛行訓練を大幅に制限する次のような合意を結んだ。

①米軍は、基地のイタリア軍司令官に飛行計画をそのつど提出し、イタリアの安全基準を満たしているかどうか承認を受ける。
②高度約六〇〇メートル以下の低空飛行訓練は、全体の飛行回数の二五パーセントを上限とする。
③米空母艦載機やイタリア常駐部隊以外の米軍機の低空飛行訓練は、イタリア側の特別な承認を必要とする。

米軍にはイタリアの法律を守らせる

これらイタリア側のチェック機能を高め、低空飛行訓練を制限する措置がとられたきっかけは、一九九八年二月三日、イタリア北東部のアルプス山中のスキー場で起きた、米軍機によるゴンドラのケーブル切断事故である。低空飛行訓練中だった米海兵隊ＥＡ６電子戦機が、地上一一三メートルの高さにかかったケーブルの下をくぐったときに切断したのである。ゴンドラに乗っていたスキー客二〇人が死亡する大惨事となった。

イタリアでは、人口密集地の上空は三〇〇メートル、それ以外の場所は一五〇メートルという最低安全高度が設定されている（「日米地位協定の運用と変容」）。ただしアルプス山中では、事故当時、最低安全高度六〇〇メートルの低空飛行訓練ルートも一部で設定されており、事故が起きたのはそのルート上だった。米軍機は最初から最低安全高度を無視していたのである。事故後、イタリア政府はアルプス山中全域で最低安全高度を一律六〇〇メートルに引き上げた。

ゴンドラ・ケーブル切断事故を受けて、アメリカ・イタリア両政府は米軍機の訓練飛行問題を協議する委員会を設置した。沖縄県の「他国地位協定調査中間報告書」には、その委員会のイタリア側代表だったレオナルド・トリカリコ元ＮＡＴＯ第五戦術空軍司令官の談話の概要が載っている。トリカリコ氏は、米軍に対するイタリア国内法の適用の重要性を、次のように指摘している。

「米軍の活動にはイタリアの国会で作った法律をすべて適用させる。イタリアは、米軍を監視しなければならない。外国の人間がその国に入れば、その国の法律に従う。それを合意という。それが個人であろうが国であろうが、合意がなければ法律は無秩序になる」

「イタリアの米軍基地には必ずイタリア軍の司令官がいる。アメリカが活動しようとするときは、必ずイタリア軍の司令官に伺いを立てなければならない」

このアメリカ・イタリア委員会は、イタリア側の規制強化の主張を取り入れた報告書を取りまとめた。それにもとづいて、前述のように一九九九年四月に低空飛行訓練を大幅に制限する合意が交わされたのである。

その結果、たとえばゴンドラ・ケーブル切断事故が起きたカバレーゼ町では町長が、「今、米軍機が低空飛行をすることはない。新たな規制でカバレーゼ町の環境は劇的に改善した」と語るほどになったのである（『中國新聞』二〇一八年五月二九日朝刊）。

米軍の飛行訓練を規制できない日本

ドイツとイタリアでは、米軍にも国内法を守らせている。低空飛行訓練についても、ドイツ・イタリアのそれぞれの政府当局の承認が必要とされるなど、厳密な規制を設けている。米軍に飛行計画を提出させ、訓練の実態を把握し、必要な制限を加えている。しっかりと歯止めをかけているのだ。その結果、米軍は好き勝手な低空飛行訓練はできなくなっている。

それにひきかえ日本では、米軍が一方的に低空飛行訓練ルートや飛行訓練エリアの空域を設定し、日本政府の承認も必要なく、好き勝手に訓練をしているのが実態である。

一九九九年の日米合同委員会の「在日米軍による低空飛行訓練について」という合意では、米軍は「安全性を最大限確保する」、「住民に与える影響を最小限にする」としている。

しかし、そのための具体的な措置となると、「人口密集地域や公共の安全に係る他の建造物（学校、病院等）に妥当な考慮を払う」など、米軍側の裁量にゆだね、自主性にまかせているだけだ。実効性に乏しい。前述のように、実際に守られているとは言いがたい。何が「妥当な考慮」なのか、判断するのはあくまでも米軍側なのである。

イタリアで、米軍が基地のイタリア軍司令官に飛行計画をそのつど提出し、イタリアの安全基準を満たしているかどうか承認を受けてはじめて低空飛行訓練ができるのとは、実効性において大きな違いがある。ドイツでも、米軍はドイツ軍が定めた低空飛行訓練に関する詳細な規則に従わなくてはならない。外国軍隊の自主性にまかせるのではなく、自国の基準・規則を守らせているのである。

一方、米軍まかせの日本政府は、低空飛行訓練の具体的ルートさえも把握しようとしない。それを明らかにするよう米軍に対して求めもしない。そして、米軍は訓練内容を日本側に知らせなくてもいいのだという。一九九八年一一月一三日付の秋葉《あきば》忠利《ただとし》衆院議員の質問主意書への政府答弁書には、こう書かれている。

「〔低空飛行訓練の〕具体的ルートの詳細等は、米軍の運用にかかわる問題であり、承知しておらず、また、これらを事前に明らかにするよう米軍に求める考えはない」

「米軍は、個々の飛行訓練の内容等について、我が国への連絡を行う必要はない」

第三章で述べたように、米軍が主に色別に名づけて設定した低空飛行訓練ルートの存在が明らかになったのは、『朝日新聞』と『高知新聞』がそれぞれ、米軍機による木材運搬用ワイヤ切断事故とダム墜落事故の調査報告書を、米軍に開示請求して入手したからだ。日本政府は米軍の低空飛行訓練で住民の安全が脅かされているにもかかわらず、訓練ルートの確認作業さえも怠ってきたのである。あまりにも無責任ではないだろうか。

低空飛行訓練だけではなく、日本政府は米軍の訓練全般についても、米軍の運用にかかわることなので、明らかにするよう求める気もないとしている。二〇一六年一二月の、沖縄県名護市でのMV22オスプレイ墜落事故（日米両政府は不時着水と発表したが、機体が大破した状態からして墜落）後、米軍による空中給油訓練の再開をめぐって、当時の稲田《いなだ》朋美《ともみ》防衛大臣は記者会見で、こう発言（抜粋、二〇一七年一月七日）した。

「（米軍の訓練に関して）運用に関わる問題として、訓練の時間等を含む詳細な情報が日本側に通報されることは通常ありません。ですので、その点について何か求めて行くということは、日本側としてはないということです」（「他国地位協定調査中間報告書」）

米軍機の飛行計画の情報をめぐる問題

しかし、日本政府は米軍の低空飛行訓練の具体的ルートについて本当に知らなかったのだろうか。根本的な疑問が湧いてくる。

というのも、米軍は低空飛行訓練もふくめ、日本におけるすべての米軍機の「飛行計画」（フライト・プラン）を、日本政府当局に通報しなければならない決まりになっているからだ。

二〇一五年三月三〇日の参議院予算委員会で、仁比《にひ》聡平《そうへい》議員（共産党）がその点を確認する質問をした。

「米軍機も飛行計画、いわゆるフライトプランを日本政府に通報する義務がありますね」

当時の太田《おおた》昭宏《あきひろ》国土交通大臣の答弁。

「航空法第九十七条及び航空法特例法に基づき、飛行する場合には国土交通大臣に対して飛行計画の通報が必要となります」

飛行計画には、航空機の国籍記号、無線呼出し符号、航空機の型式、機数、出発地、出発時刻、巡航高度、航路、最初の着陸地、到着予定時刻などを記載しなければならない。それは航空法で定められ、民間機も、自衛隊機も、米軍機も同じである。

米軍機の場合は、「自衛隊の飛行計画を取り扱うシステムを経由して、国土交通大臣の飛行計画を取り扱うシステムへ通報される」（二〇一五年三月三〇日、参議院予算委員会、国土交通省・田村明比古《たむらあきひこ》航空局長の答弁）。

たとえば米海軍厚木基地から米海兵隊岩国基地への低空飛行訓練の場合、「米軍機が所属する部隊から厚木基地の海上自衛隊厚木航空基地に通報される。その後、最終的には国土交通省の飛行情報管理システム〔ＦＤＭＳ〕に配信する」（同前、防衛省・深山延暁運用企画局長の答弁）。

つまり日本政府は、米軍機がどのルートをいつ飛ぶのか、そのつど自衛隊と国土交通省のコンピューターシステム経由で通報された飛行計画を通じて把握しているのだ。その通報は通常、飛行開始の一、二時間前になされるといわれている。

航空法第九七条一項は、計器飛行方式（航空機の各種計器を用いながら、航空管制官の指示や承認を受けて飛行する方法）で飛ぶ航空機は、国土交通大臣に飛行計画を通報し、航空管制上の承認を受けなければならないと定めている。

また同条二項は、有視界飛行方式（航空管制官の指示や承認を受けず、パイロットの目視によって飛行する方法）で飛ぶ航空機は、国土交通大臣に飛行計画を通報しなければならないと定めている。

米軍機の場合、日米地位協定の実施に伴う航空法特例法により、航空法の「航空機の運航」に関わる第六章（第五七条〜第九九条の二）が適用除外になっていて、最低安全高度や夜間飛行の際の灯火義務などは守らなくてもいい。

ただし、航空法特例法の施行令によって、航空法の第六章の中でも航空交通の指示（第九六条）、航空交通情報の入手のための連絡（第九六条の二）、飛行計画及びその承認（第九七条）、到着の通知（第九八条）、飛行に影響を及ぼすおそれのあるロケット打ち上げなどの行為の禁止（第九九条の二）の規定は、米軍機にも適用される決まりになっている。

「これは、米軍機といえども、国土交通大臣が民間航空機、自衛隊機と併せて国内の航空機の運航情報を一元的に把握し、安全の確保などのために必要な航空交通の指示ができなければならないからである」（「日本全土をオスプレイの訓練場にしてよいか？」福田護著『月刊社会

民主』二〇一四年一〇月号　社会民主党）

米軍機と民間航空機や自衛隊機がニアミスや衝突事故などを起こさないよう、航空交通の安全性を高めるために、国土交通省への飛行計画の通報システムがあるわけだ。国土交通省の航空管制官が必要に応じて民間航空機に対し、米軍機の飛行情報を知らせるためには、米軍機の飛行計画を把握しておかなければならないのである。

秘密にされる飛行計画

海外の米軍基地との間を行き来する輸送機、空中給油機などは、主に計器飛行方式で飛んでいる。低空飛行訓練などをする戦闘機や電子戦機やオスプレイなどは、主に有視界飛行方式で飛んでいる。前者は飛行計画を国土交通大臣に通報し、航空管制上の承認を受ける。後者は通報するだけでよい。いずれにしても、日本政府は米軍機の個々の飛行について情報を得ていることは確かだ。

過去の政府答弁では、「米軍は、個々の飛行訓練の内容等について、我が国への連絡を行う必要はない」（前出の秋葉忠利衆院議員の質問主意書への政府答弁書）とされている。しかし、訓練の詳細な内容までは連絡されていないかもしれないが、少なくとも飛行計画の内容は知らされているのである。ところが政府は、米軍機の飛行計画に関する情報の開示を、たとえば次のように拒みつづけている。
「米軍機の飛行計画の内容については、米軍の運用にかかわる事項であるので、明らかにすることは差し控えさせていただきたい」（一九九八年三月二四日、参議院予算委員会、藤井孝男《たかお》運輸大臣の答弁）
「フライト・プランの通報があるが、それはまさにそういう航空交通の協調、整合のために出しているわけであり、それ以外の目的のためにこのフライト・プランは出せないということで、それは同時に、アメリカの軍隊の個々の航空機の行動は機密ということである」（一九八一年四月一六日、参議院内閣委員会、外務省・淺尾《あさお》新一郎《しんいちろう》北米局長の答弁）
しかし、米軍の低空飛行訓練などがおこなわれている地域の自治体にとって、米軍機がどのようなルートで、いつ飛来するのかという情報は、住民の安全・安心のためにも必要とされるものだ。たとえば自治体の防災ヘリやドクターヘリ（医師や看護師が同乗して患者を緊急搬送する）とのニアミスや衝突を防ぐためなどである。
米軍の低空飛行訓練ルートのひとつオレンジルートが通る高知県では、県が政府に対し、低空飛行訓練の即時中止を求めるとともに、飛行訓練の事前の情報提供も要望している。二

○一三年三月一三日付の要望書には、こう書かれている。

「飛行訓練の情報は、消防防災ヘリやドクターヘリの航行の安全性を確保するため大変重要であり、関係機関に対して周知を行う時間も必要なことから、オスプレイに限らず他の米軍機による訓練につきましても、ルートや飛行日時など可能な限り詳細な情報を、時間的な余裕を持って提供するように、米側に対し求めていただきますよう、あわせてお願い申し上げます」

米軍の都合を優先させる政府

この問題をめぐっては、二〇一五年三月三〇日の参議院予算委員会で、前出の仁比議員がこう質問をした。

「米軍機が飛び回っている高知県の嶺北《れいほく》地域と物部町《ものべちょう》だけで防災ヘリやドクターヘリがヘリポートを使用したのは、十ヵ月間で四十二回に上る。二〇一一年の十一月には、防災ヘリの訓練とともに、同時間帯に三機の米軍機が低空飛行している。ヘリのパイロットは危険を感じたと言っている。この米軍機のフライトプランなどの情報を関係自治体に提供せよという地元の声も本当に強く上がっている中で、やらないのか」

当時の中谷元《なかたにげん》防衛大臣の答弁。

「米軍機のフライトプランについては、米軍の運用に係る情報であり、こちらの方の開示等については差し控えたい」

米軍機の飛行計画の公表を言下に拒んだ中谷大臣だが、防衛大臣に就任する前、地元高知県の地方紙のインタビューでは、飛行計画にもとづいて米軍機の通過時間を自治体に伝えておくべきだという姿勢を見せていた。

「〈記者〉フライトプランを米軍は事前に提出していて、日本も把握している。中谷さんも事前に（地元自治体に）連絡があるべきとおっしゃった。それがなぜ実行されていないのか。不都合が生じるのか？

〈中谷〉そういう（伝達）ルートでやってるんでしょう。

〈記者〉日本政府、つまり国交省、防衛省が（飛行計画を知りながら）地元の自治体に伝えていないのか？

〔中谷〕そこは確認しないといけませんが、当然、何時ごろに通過する予定です、ということは（地元に）言っておくべきだと思います。

〔記者〕防衛省や国交省が地元に伝えるべきだ、とお考えですか？

〔中谷〕自衛隊はそうしてますからね」


（『高知新聞』二〇一三年九月一三日朝刊）

結局、防衛大臣になったとたん、米軍の運用についての情報は秘密とする従来の政府見解を踏襲したのである。大臣就任前の見解からは一八〇度の転換である。日本政府は自治体や住民への配慮よりも、米軍の都合を優先させてばかりいる。

調整という名で飛行訓練を容認

やはり日本政府は米軍から通報される飛行計画を通じて、実は低空飛行訓練ルートの存在を当初から知っていたのではないだろうか。知っていて、「具体的ルートの詳細等については、日米合同委員会においても確認しておらず、承知していない」と偽っていたのではなかろうか。そうだとすれば情報隠蔽《いんぺい》にほかならない。

米軍機の飛行計画に関する情報を自治体にも知らせず、非公開にする点は、「横田空域」の北半分に位置する「エリアH」と「エリア3」、島根県と広島県にまたがる「エリアQ」と「エリア7」など自衛隊の訓練空域を、米軍が使用する場合も同様である。

第三章で述べたように、米軍が自衛隊の訓練空域を使用する際、その空域を管理する自衛隊の使用統制機関が日時などを調整している（159〜160ページ）。当然、自衛隊は米軍がそこで低空飛行訓練・対地攻撃訓練などをする日時を知っているわけだ。

この点について、前出の井上哲士参院議員は二〇一二年七月二〇日付の質問主意書で、「防衛省は米軍機が空域の使用を希望する日時の予定を予《あらかじ》め把握できる立場にある」と指摘したうえで、

「予め把握した日時の情報に基づいて、日本政府は当該空域が設定されている関係地方自治体に対して訓練前の事前通報を行う考えはないか」と質問した。

それに対し、当時の野田佳彦《のだよしひこ》内閣は政府答弁書で、「米軍の訓練日時に関する情報については、米軍との関係もあり、事前に公表していない」と答え、自治体への事前の情報提供を拒んだ。

さらに、井上議員の以下の質問、

「群馬県では公立高校入学試験の日に訓練が行われ爆音被害が発生するなど、地域住民の生活に看過できない多大な被害を及ぼしてきているが、自治体からの要請があった場合などに、日本政府が特定の日時における米軍機の空域使用を調整の段階で認めないことは十分可能ではないのか」

に対しても、政府答弁書は、

「米軍がこれを使用しようとする際の自衛隊と米軍との間の調整において、自衛隊は、米軍が希望する使用日時を把握することは可能であるが、この調整は、空域使用者間の事故等を防止し、航空交通の安全を確保することを目的に行うものであり、自衛隊は、特定の日時における米軍による空域使用について『認め』るか否かを判断する立場にはない」

と、政府の責任を放棄するかのような見解を示している。

第三章でも述べたように防衛省の運用企画局長も国会で、「自衛隊は、米軍機による空域の使用を認めたり、拒んだりする立場にはない」と答弁している（１５８ページ）。

日本政府は最初から、米軍による自衛隊の訓練空域の使用を前提に日時の調整に応じているのである。つまり、米軍は自衛隊の訓練空域を使用したいときには、事実上いつでも自由に使用できる仕組みになっているのだ。「調整」という名の事実上の無条件での容認と言ってもいいだろう。米軍に特権を認めているのに等しい。

「『認め』るか否かを判断する立場にはない」、「拒んだりする立場にはない」。いかにも無責任な政府見解であり、主権を放棄しているとしか言いようがない。

飛行訓練の情報提供を求める自治体

米軍機の飛行計画の情報に関連する動きとして、前出の高知県の要望書をはじめ各地の自治体から政府に対し、米軍機の飛行訓練ルートや訓練日時の事前の情報提供を求める声があがっている。

たとえば二〇一四年五月二八日、米軍の低空飛行訓練ルートのひとつブラウンルート沿いの、中国地方の各県（鳥取、島根、岡山、広島、山口）知事からなる中国地方知事会が、「住民の平穏な生活を乱す米軍機の飛行訓練への対策について」という要請書の中で、米軍機の「飛行訓練の事前の情報提供」を政府に求めた。なお、島根県と広島県にまたがる自衛隊の訓練空域（「エリアQ」と「エリア7」）でも、米軍が激しい低空飛行訓練を続けている。

要請書ではまず、中国地方での長年にわたる米軍機の飛行訓練の被害を訴えている。

「日米合同委員会合意において妥当な考慮を払うとされている学校上空での飛行や、民家土蔵の倒壊、窓ガラスの破損などの実害も生じており、依然として事態の改善が図られていない状況にある」

そして、繰り返されるオスプレイの事故の原因と再発防止のための安全対策などについて、政府に対し「十分な説明を行うよう要請」をしてきたが、「未《いま》だ地域住民の安全性への懸念は払拭《ふっしょく》されていない」と指摘したうえで、次のように求めている。

「住民の不安を軽減するため、住民生活に影響が大きい訓練については、その訓練予定日や飛行ルートなどの訓練内容を、国の責任において、関係自治体や住民に事前に情報提供を行うこと」

さらに、「日米合同委員会合意を遵守し、住民に危険を及ぼし不安を与え、住民の平穏な生活を乱すような飛行訓練が行われないよう措置すること」とし、実質的に低空飛行訓練の中止も求めている。中国地方知事会による同様の要請は毎年のようにおこなわれている。

全国各都道府県の知事で構成する全国知事会も、オスプレイなど米軍機の飛行訓練に関する情報の事前提供を求めている。二〇一八年七月二七日に開催された全国知事会議では、日米地位協定の抜本的見直しを求める「米軍基地負担に関する提言」を採択し、外務省と防衛省に対し要請活動をおこなった。その提言には、こう書かれている。

「基地周辺以外においても艦載機やヘリコプターによる飛行訓練等が実施されており、騒音被害や事故に対する住民の不安もあり、訓練ルートや訓練が行われる時期・内容などについて、関係の自治体への事前説明・通告が求められている」

「米軍機による低空飛行訓練等については、国の責任で騒音測定器を増やすなど必要な実態調査を行うとともに、訓練ルートや訓練が行われる時期について速やかな事前情報提供を必ず行い、関係自治体や地域住民の不安を払拭した上で実施されるよう、十分な配慮を行うこと」

また、横田基地へのＣＶ22オスプレイ配備に伴い、飛行訓練がおこなわれる地域の自治体が、訓練の日時や飛行ルートなど関連情報の事前提供を防衛省などに求めている。墜落事故などの危険に対する住民の不安が大きいからである。

一一都県の市民団体からなる「オスプレイと飛行訓練に反対する東日本連絡会」（横浜市《よこはま》）は二〇一七年、東京都と、埼玉・群馬・栃木・福島・新潟・長野の各県と、それら七都県にある七四市町村、合わせて八一の自治体を対象に、「オスプレイ飛行訓練下自治体アンケート」を実施した。

そのアンケート結果（回答した自治体は五八）によると、「オスプレイの横田基地配備や飛行訓練について必要としている情報」として、大半の自治体が安全対策や地域住民の安全と環境への影響と並んで、飛行訓練の日時・飛行ルート・訓練内容に関する情報をあげ、「訓練のある日を伝えてほしい」と政府に要望したいと答えている。

航空安全と飛行計画の通報

このように自治体から、米軍機の飛行訓練に関する情報の事前提供を望む声が、続々とあがっている。全国知事会も具体的な提言を発し、政府に要請もしている。

しかし、政府の姿勢は相変わらず後ろ向きである。横田基地や厚木基地などにオスプレイが飛来する際、防衛省から地元自治体に通報されることもあるが、いつも必ずされるわけではない。また飛来の通報はあっても、飛来の目的が知らされることはまれである。

政府は、米軍の運用に関する情報は軍事機密に属するとか、飛行計画の内容を公開するとアメリカ政府との信頼関係をそこなうおそれがあるなどの理由をつけて、非公開としている。飛行計画を公表しない法的根拠について、政府は国会で野党議員の質問に対し次のように答弁している。外務省北米局長、まさに日米合同委員会の日本側代表による見解の表明である。

「米軍機のフライトの詳細について提出できないという根拠は何かということ。これは地位協定第六条に基づき、米軍機を含めて非軍用、軍用機等の航空安全のための整合性を図るということになっているが、そのためにフライト・プランの通報がある。それはまさに航空交通の協調、整合のために出しているわけで、それ以外の目的のためにこのフライト・プランは出せない。それは同時に、アメリカの軍隊の個々の航空機の行動についてはアメリカの軍隊の機密である」

（一九八一年四月一六日、参議院内閣委員会、外務省・淺尾新一郎北米局長の答弁）

地位協定第六条は航空交通・通信体系の日米協調に関する条項で、こう定めている。

「すべての非軍用及び軍用の航空交通管理及び通信の体系は、緊密に協調して発達を図るものとし、かつ、集団安全保障の利益を達成するため必要な程度に整合するものとする」

上記の国会答弁で淺尾北米局長は、「米軍機を含めて非軍用、軍用機等の航空安全のための整合性」と「航空交通の協調」のために、フライト・プランすなわち飛行計画の通報があると説明している。

そうであるなら、自治体の防災ヘリやドクターヘリという非軍用機と米軍機という軍用機の、航空安全のための整合性と航空交通の協調のためにこそ、飛行計画の通報があるわけで、その内容を自治体に伝えても何も問題はないはずだ。

むしろ航空安全のための整合と航空交通の協調という目的を達成するには、関係自治体に対して積極的に事前に情報を提供すべきなのではなかろうか。航空法特例法で米軍に認められたさまざまな適用除外の規定を、あえてこの飛行計画の通報に関する部分では当てはめずに、適用する措置をとっているのも、そのためなのである。

日本でも米軍の飛行訓練を規制すべき

ドイツでは、米軍は飛行訓練をする際、事前にドイツ当局の承認を得る必要がある。しかもドイツ軍が作成した規則に従わなければならない。イタリアでも、米軍は基地のイタリア軍司令官に飛行計画をそのつど提出し、イタリアの安全基準を満たしているかどうか承認を受けなければならない。米軍は部隊の演習の年間計画もイタリア軍司令官に報告する必要がある。

一方、日本では、米軍のやりたい放題といえる状態が続いている。ただ日本にも、米軍機が飛行計画をそのつど通報しなければならない制度は存在する。しかし、米軍は単に通報するだけでよく、ドイツやイタリアでのように駐留先の国の規則や安全基準に従わなければならないという縛りはない。前述したように日米合同委員会での合意は、あくまでも米軍の自主性にまかせているだけである。ドイツやイタリアのような国内法にもとづく規制をかけているわけではない。

日本でも、米軍に単に飛行計画を通報させるだけではなく、ドイツやイタリアのように、外国軍隊である米軍の訓練・演習に対し、自国の安全基準を設けるべきである。その安全基準に照らして、訓練・演習を承認するかどうかを決められるよう規制をかけるべきだ。また、低空飛行訓練などの割合を限定することも必要だろう。

さらにイタリアのように、米軍の行動によって公衆の生命や健康が危険にさらされることが明白な場合、中止させる措置もとれるようにすべきだ。「米軍機による空域の使用を認めたり、拒んだりする立場にはない」という政府の国会答弁に象徴される、主権放棄としか言いようのない無責任な姿勢は改めてほしい。

ただ、根本的には、米軍の施設・区域外での飛行訓練は全面的に禁止するのが筋である。米軍に勝手に低空飛行訓練ルートや飛行訓練エリアの空域などを設定させてはならない。自衛隊の訓練空域を又貸しして使用させることもおかしい。

そもそも、米軍はアメリカ本土では、ほとんど人の住んでいない広大な砂漠地帯などの訓練空域で低空飛行訓練をしているのである。施設・区域外での訓練・演習は安保条約違反だとしていた、かつての政府見解に立ち返るべきだ。

米軍の活動に実効性のある歯止めをかけることは、独立国として当たりまえのことではないか。そのためには、もちろん米軍優位の不平等の解消に向けて、地位協定を抜本的に改定しなければならない。ドイツやイタリアにできたことが、日本にもできないはずはない。

第五章

米軍に対していかに規制をかけるか

生命と人権を守るために米軍を規制

「ここはドイツなので、ドイツの法律に管轄権がある」（「ドイツ航空管制」の安全・保安・軍事部門の管理担当者）

「米軍の活動にはイタリアの国会で作った法律をすべて適用させる。イタリアは、米軍を監視しなければならない」（イタリアの元ＮＡＴＯ第五戦術空軍司令官）

この二つの言葉に象徴されるように、ドイツとイタリアは、「自国の法律や規則を米軍にも適用させることで自国の主権を確立させ、米軍の活動をコントロールしている」（沖縄県「他国地位協定調査中間報告書」）。

ところが、これまで見てきたように日本は、それができていない。米軍の飛行訓練の問題ひとつをとってもそうだ。米軍は飛行計画の通報をするだけでいい。あとは低空飛行訓練や対地攻撃訓練などをやりたい放題である。ドイツやイタリアでのように、駐留先の国の規則や安全基準に従わなければならない義務もない。

ドイツやイタリアでは米軍の飛行訓練を規制している。それは、飛行訓練がもたらす事故の危険や騒音被害などを防止・軽減するためである。両国の政府が住民の安全と平穏な生活を守る役割を果たそうとしているからだ。住民の生命と人権を守る。そのために、米軍という外国軍隊に対して自国の主権を確立させている。そのような独立国として当然のことが、日本ではできていない。

しかし、このままでいいはずはない。全国知事会は初めて地位協定の抜本的見直しを求めた。「米軍基地負担に関する提言」（二〇一八年七月二七日）を発し、政府に要請までした。それも、同じような問題意識からであろう。

全国知事会は二〇一六年七月に、故翁長雄志元沖縄知事の強い要望を受け、一二人の知事からなる「全国知事会米軍基地負担に関する研究会」を設け、二年間で六回の会合を開くなど調査・研究を重ねて、同提言をまとめた。

これまでにも、米軍基地をかかえる一五の都道府県からなる「渉外知事会」が、地位協定の改定を求める提言をしてきた。しかし今回は、米軍基地のない府県が大多数を占める全国知事会による提言である。基地のない府県でも米軍機の低空飛行訓練に悩まされるなど、米軍基地と米軍の活動による弊害が、地位協定の不平等性に起因するとの共通認識がひろまってきたからであろう。

全国知事会は今回の提言で、「〔日米地位協定は〕国内法の適用や自治体の基地立入権がないなど、我が国にとって、依然として〔主権の確立が〕十分とは言えない現況」だと指摘したうえで、こう求めている。

「日米地位協定を抜本的に見直し、航空法や環境法令などの国内法を原則として米軍にも適用させることや、事件・事故時の自治体職員の迅速かつ円滑な立入の保障などを明記すること」

住民の生命と人権を守る。そのために、飛行訓練など米軍の活動に必要な規制をかける。それを実行するには、航空法など国内法を原則として米軍にも適用することが必要になってくる。

しかし、米軍の飛行訓練を規制しようとする際、大きな壁となるのが航空法特例法である。それは「日米地位協定の実施に伴う航空法特例法」と呼ばれるように、地位協定にもとづき米軍を特別扱いする法律だ。国内法である航空法の規定に適用除外を設け、さまざまな特権を認めている（２０８ページ）。

航空法特例法の改定・廃止を求めて

地位協定の抜本的改定を求めて提言などをおこなう日本弁護士連合会は、その「日米地位協定に関する意見書」（二〇二四年）で、航空法特例法の改定の必要性も説いている。米軍の活動に対し必要な規制をかけるためには、地位協定の実施に伴って米軍を特別扱いする特例法も見直さなければならないからだ。

同意見書は、航空機の安全な飛行を確保するために規制を設けた、航空法の第六章「航空機の運航」のほとんどすべてを、米軍機に対し包括的に適用除外しているのは重大な問題だと指摘している。

自衛隊機の場合、戦闘機など軍用機は民間航空機と用途が異なり、極限状況でも任務遂行できる性能が必要なことや、兵器の搭載を前提に作られていることなどから、米軍機と同じように、「耐空証明」のない航空機の飛行禁止、「騒音基準適合証明」の義務、爆発物等の輸送禁止、物件（物資）の投下禁止、落下傘降下の禁止など、航空法の一七の条項について適用除外とされている（自衛隊法第一〇七条により）。

ただし、航空法特例法で米軍機に対し航空法の第六章「航空機の運航」のほとんどすべてを、包括的に適用除外とするやり方とは大きな違いがある。第六章（第五七条～第九九条の二）のうち、適用除外は爆発物等の輸送禁止や落下傘降下の禁止などわずか八つの条項だけである。最低安全高度の遵守や飛行禁止区域の遵守は、自衛隊法で定められた有事の防衛出動と治安出動の際に限って適用除外となる。なお航空法第八一条の但し書きの規定により国土交通大臣の許可を得た場合は、例外的に訓練などで最低安全高度以下でも飛べる。自衛隊機の場合、航空法の適用除外の措置はきわめて限定的になっているのだ。

日本弁護士連合会は「日米地位協定に関する意見書」で、航空法の規定の適用除外は自衛隊機に対し、必要な条項に限って個別に特例として認められているにすぎず、米軍機に対する航空法第六章の包括的な適用除外は明らかに行き過ぎだと指摘している。そこで、「少なくとも最低安全高度の遵守、曲技飛行の禁止等安全性確保のための最低限の規制」を及ぼせるよう、航空法特例法を改定すべきだと提言している。

危険な低空飛行訓練をやめさせるなど、米軍の飛行訓練に実効性のある規制をかけるためには、根本的には航空法特例法を廃止する必要がある。国内法である航空法を米軍に対しても適用し、最低安全高度なども守らせなければならないのは当然だ。

米軍機の飛行訓練の危険性に常にさらされる沖縄では、二〇一八年二月二一日に県議会が「米軍MV22オスプレイの部品落下事故に関する抗議決議」を全会一致で可決。その中に、航空法特例法を廃止して米軍にも日本の航空法を遵守させるという要求項目が盛り込まれた。沖縄県議会が航空法特例法の廃止まで求めたのは初めてのことである。

国内法を原則として米軍にも適用すること

全国知事会が国内法を原則として米軍にも適用することを提言したのと同じように、日本弁護士連合会の提言「日米地位協定の改定を求めて」（二〇一四年）も、「米軍等への日本法令の適用と基地管理権」という項目を設け、米軍に対し日本の法令を原則として適用すべきだと強調している。

その理由として、「日本法令の規制が及ばないために、米軍基地周辺住民の被害やその危険が継続・拡大し、地方自治体も対策がとれない」ことを挙げ、次のような実例を示している。

「米軍飛行場周辺では、航空機騒音被害が極めて大きく、裁判所も繰り返し受忍限度を超える騒音の違法性を認めて、日本国に損害賠償を命じていますが、その違法な飛行を米軍にやめさせることができないでいます。

また、米軍基地内は日本の法令の適用がないとされるため、水質、土壌等の汚染が進み、有害な廃棄物が放置され、自然が破壊されても、これらを規制し、是正を求めることができません。横須賀に配備された原子力空母その他の原子力艦船の原発設備の安全性も、日本は全くチェックすることができません」

横田・厚木・嘉手納・普天間など米軍基地周辺の住民は、米軍機による騒音被害に対し、損害賠償と夜間・早朝の飛行差し止めを求めて裁判を起こしてきた。裁判所が「外国はわが国の裁判権に服さない」と解釈しているため、住民はアメリカ政府を直接訴えられず、国（日本政府）を相手取って訴えざるをえない。その結果、日本政府が肩代わりして損害賠償に応じている。

住民は騒音の発生源である米軍機の夜間・早朝の飛行差し止めを強く望んでいる。しかし裁判所は、日本政府には米軍を規制できる法的権限がないとして、差し止め請求を棄却し続けている。米軍の活動に騒音規制法など日本の法令による規制が及ばないことが根本的な問題としてあるからだ。

なお、これまで述べてきたように、米軍機が日本全国の空を自由勝手に飛び交って訓練をすることで、基地周辺に限らず、広い範囲にわたって住民に騒音被害や事故の危険が及んでいるのが実態である。

米軍を特別扱いする政府見解というハードル

米軍に対し日本の国内法を原則として適用することの必要性は高い。しかし、そこには乗り越えなくてはならないハードルがある。駐留する外国軍隊には接受国（受け入れ国）の国内法令は原則として適用されない、という日本政府の見解である。

「一般国際法上、駐留を認められた外国軍隊には特別の取決めがない限り接受国の法令は適用されず、このことは、日本に駐留する米軍についても同様です」

（外務省ホームページ「日米地位協定Q＆A」）

この公式見解のもとになったのは、一九七三年七月一一日の当時の外務省・大河原良雄《おおかわらよしお》アメリカ局長による、地位協定に明文の規定がない場合は米軍に対して国内法令の適用はないという国会答弁（以下、「大河原答弁」）である。地位協定に明文の規定がない場合とは、つまり「外国軍隊には特別の取決めがない限り」と同じことを意味する。

「一般国際法上は、外国の軍隊が駐留する場合に、地位協定あるいはそれに類する協定に明文の規定がある場合を除いては、接受国の国内法令の適用はない。こういうことになっている。したがって、地位協定の規定に明文がある場合は、その規定に基づいて国内法が適用になるけれども、そうでない場合には接受国の国内法令の適用はない。一方、一般国際法上も外国の軍隊は接受国の国内法令を尊重する義務を負っている。地位協定の中にもその尊重義務をうたっている規定もある」

（衆議院内閣委員会）

しかし、このような日本政府の見解ははたして本当に国際法上の一般的原則といえるのだろうか。必ずしもそうとはいえないことは、地位協定研究の専門家で前出の『在日米軍地位協定』の著者、本間浩氏《ほんまひろし》（発言当時、法政大学教授）が次のように指摘している。

駐留外国軍隊に接受国の国内法令が適用されないとする「一般国際法上の原則」とは、あくまでも「軍隊の内部規律」（軍人への懲戒権限など）に関する原則である。ドイツやイタリアでの駐留外国軍隊に関する地位協定でも、駐留外国軍隊に対し国内法令が適用されることになっており、それは国際法学者の間では「教科書にもある」基本原則だ（『検証［地位協定］日米不平等の源流』琉球新報社・地位協定取材班著　高文研　二〇〇四年）。

日本弁護士連合会の提言「日米地位協定の改定を求めて」でも、同じような指摘がされている。

「米軍や米軍基地に日本法令の適用がないという理解は、決して当たり前のものではありません。国際法の領域主権の原則は、国家はその領域内にある全ての人と物に対して、原則として排他的に規制する管轄権を有し、その制約は、当該国家自身が他国に条約・法令等で認めた場合にのみ存在するとし、また、その制約はできるだけ限定的に解されなければならないとしています。

ですから、現行地位協定の解釈としても、特段の規定がない限り、原則として米軍や米軍基地内にも日本法令が適用されると解すべきなのです」

この提言のもととなった日本弁護士連合会の「日米地位協定に関する意見書」にも、こう書かれている。

「領域主権の結果として、外国軍隊の入国には受入国の合意が必要であり、受入国にある外国軍隊の法的地位もこの合意によるべきものである。外国軍隊を受入国の国内法令の適用から免除する一般国際法の規則は存在しない」

外国軍隊と国内法令に関する国際法の原則

外国軍隊に対し駐留先の国の法令が適用されないのは、軍人や軍属の規律や管理など軍隊の内部事項に関することであって、それ以外のことに関しては条約や協定に特段の規定がないかぎり、駐留先の国の法令が原則として適用される。それが一般国際法上の原則だといえる。

「大河原答弁」の「地位協定の規定に明文がある場合は、その規定に基づいて国内法が適用になる」という部分は当然のことだが、「そうでない場合には接受国の国内法令の適用はない」という部分は、決して一般国際法上の原則とはいえない。現にドイツとイタリアでは、米軍に対し国内法を適用している。

『基地と人権』（横浜弁護士会編　日本評論社　一九八九年）によると、安保条約・地位協定にもとづく基地の提供や米軍の行動に関する保障は、あくまでも日本政府のアメリカ政府に対する義務であって、国民や自治体の義務ではない。安保条約・地位協定が直接、国民や自治体に何かの義務を課すわけではない。それが条約・協定と国民・自治体の関係をめぐる国際法の原則である。

したがって、日本政府が安保条約・地位協定上の義務を履行するために、国民や地方自治体の権利を制限する必要がある場合は、新たに国内法令を制定しなければならない。そのため、航空法特例法のような、地位協定の実施に伴う特例法・特別法が制定されたのである。

たとえば、政府が米軍に基地を提供する義務を履行するために、私有地や公有地を強制収用したり、使用したりする場合、当然、国民や自治体の権利が制限（実態は侵害）される。

そこで、その制限を法的に正当化し、合法化するために、地位協定の実施に伴う土地等使用特別措置法（駐留軍用地特措法）を制定する必要があった。このような地位協定の実施に伴う特例法・特別法は、日米安保条約がその根本にあることから、「安保特例法・特別法」と総称される。

「安保特例法・特別法」による規定がない事項については、国民や自治体の権利が制限されることはない。このように、駐留外国軍隊に対して地位協定と特例法・特別法による適用除外や、特別の措置を定めていないかぎり、受け入れ国の国内法令が適用される。それが国際法の原則である。

前出の「ここはドイツなので、ドイツの法律に管轄権がある」、「米軍の活動にはイタリアの国会で作った法律をすべて適用させる」という、ドイツ航空管制の担当者とイタリアの元空軍司令官の言葉が、あらためて説得力をもって響いてくる。

以前は正反対だった政府見解

実は、地位協定に明文の規定がない場合は外国軍隊に対し国内法令の適用はないという見解を、日本政府がずっと一貫して示していたわけではない。

たとえば、一九六〇年の安保条約改定をめぐる国会審議での政府答弁は、それと正反対の見解を表明していたのである。当時の外務省の高橋通敏《みちとし》条約局長による、「〔米軍基地には〕原則として日本の法令が適用になる」という答弁（以下、「高橋答弁」）だ。

「施設、区域は、もちろん日本の施政のもとにあるわけで、原則として日本の法令が適用になる。ただ〔米〕軍の必要な限り、〔地位〕協定に基づいて個々の法令の適用を除外している」

（一九六〇年三月二五日、衆議院日米安保条約等特別委員会）

「施設・区域というのは、治外法権的な、日本の領土外的な性質を持っているものではなくて、当然、日本の法令が原則として適用になるわけで、これが全然適用にならない、除外された地域ではない。ただ、米国が施設・区域を使用している間は、これを使用するにあたり、必要な措置、どういうふうな措置をとることができるかということは、協定に定め、その協定に従ったところにおいて、米側は措置をとることができる。しかし、原則として、当然、日本の主権、統治権下にある、日本の法令が適用になる」

（同年五月一一日、同前）

この「高橋答弁」は、外国軍隊に対し駐留先の国の法令は、条約や協定に特段の規定がないかぎり原則として適用される、という国際法の原則にもとづくものだ。

なお答弁では、施設・区域外の場合について直接言及はされていないが、地位協定にもとづき米軍に提供した施設・区域内すなわち基地の中でも、「もちろん日本の施政のもとにあるわけ」だから、施設・区域外が日本の主権・統治権下にあるのは言うまでもなく、施設・区域外でも米軍に対し原則として日本の法令が適用になることは、自明の前提となっている。

「髙橋答弁」にあるように、「原則として日本の法令が適用になる」からこそ、米軍の活動にとって必要な事項に限定して、航空法特例法や土地等使用特別措置法など、「安保特例法・特別法」を、一九五二年の安保条約・行政協定（現地位協定）発効に合わせて制定したのである。例外的に、米軍に対する個々の国内法令の適用除外の規定を設けたわけだ。「安保特例法・特別法」で適用除外を定めていない事項に関しては、もちろん国内法令が適用されることになる。

地位協定の付属文書、「日米地位協定合意議事録」でも、米軍の日本国内における移動の自由、米軍機・米軍艦の出入国、基地への出入りなどに関する取り決めである地位協定第五条に関連して、「この条〔第五条〕に特に定めのある場合を除くほか、日本国の法令が適用される」と、はっきり書かれている。

外国軍隊に対し駐留先の国の法令は、条約や協定に特段の規定がないかぎり原則として適用される、ということが日米地位協定の基本原則、大前提であることは、この合意議事録の記述からも明らかである。

合意議事録の冒頭には、日米両政府が地位協定の「交渉において到達した次の了解を記録する」とある。つまり、合意議事録の内容は日米両政府間の了解事項なのである。

したがって、「大河原答弁」のように、地位協定に明文の規定がない場合は国内法令の適用はないのなら、そもそも例外的に「安保特例法・特別法」を制定した意味がなくなる。つまり「大河原答弁」は、地位協定にもとづいて駐留する外国軍隊と受け入れ国の法令の関係において、原則と例外を逆転させたのである。これでは、米軍に対する国内法令の歯止めはほぼなくなってしまう。

政府見解の逆転の背後にあったもの

「大河原答弁」は、米軍と日本の国内法令の関係において、原則と例外を逆転させた。それ以前の政府見解とは一八〇度異なる解釈を打ち出した。

では、なぜ一九七三年七月という時期に政府見解の逆転が起きたのだろうか。その謎を解く鍵《かぎ》は、前年の七二年一〇月一七日に当時の田中角栄《たなかかくえい》内閣によってなされた、ある閣議決定だ。それは日本の国内法令である車両制限令を改定し、米軍の車両を同制限令の対象からはずして適用除外とするものだった。

「〔車両〕制限令の適用除外を、現行の緊急車両のほか、たとえば自衛隊の教育訓練、警察部隊活動の訓練または消防訓練に使用される車両など、公共の利害に重大な関係がある車両及び米軍車両に及ぼす」

米軍車両への適用除外は自衛隊・警察・消防の訓練用の車両などに付け加えるかたちで、なるべく目立たないような体裁をとっている。しかし本当のところは、この改定が米軍のためになされたことは、閣議決定に伴う当時の二階堂進《にかいどうすすむ》官房長官による談話の次のくだりからわかる。

「わが国は〔安保〕条約上、米軍に対し国内における移動の権利を認めており、他方、車両制限令の他の特例との比較においても米軍車両を適用除外とすることは、当然である」

（一九七二年一〇月一七日）

しかし、米軍車両の適用除外は当然だというが、それ以前、日本政府は長年にわたって車両制限令は米軍車両にも適用されるとしてきたのであり、実際適用されていた。それをくつがえして適用除外に変えた背後には、実はアメリカ政府による水面下での圧力があった。一連の動きの発端は、車両制限令の改定より二ヵ月あまり前、一九七二年八月五日に横浜で起きた、米軍戦車輸送阻止事件である。

当時はベトナム戦争の最中で、米軍は南ベトナムの戦場で破損した戦車を在日米軍基地に運んで修理していた。神奈川県相模原《さがみはら》市にある米陸軍の相模補給廠《しょう》(現相模総合補給廠)がその修理基地だった。

一九七二年八月五日、米軍は修理を終えた戦車を南ベトナムに運ぶため、大型トレーラーに積んで、横浜港のノース・ピア(横浜ノース・ドック)に輸送しようとした。そこは横浜港内にあり、米軍の輸送船などの拠点で専用埠頭《ふとう》もある米軍基地だ。

しかし、その輸送車列は途中で阻止された。横浜市(当時の市長は飛鳥田《あすかた》一雄《いちお》、後の社会党委員長)が、戦車を積んだ大型トレーラーは「道路法にもとづく車両制限令の基準に照らして重量オーバーだ。市道が損壊される」という理由で、ノース・ピアの手前の市道にかかる村雨橋《むらさめ》の通行を許可しなかったからだ。当時、米軍車両は車両制限令の適用除外の対象ではなく、この国内法令の規定を米軍は無視できなかったのである。

村雨橋近くの道路には、ベトナム戦争反対と戦車輸送阻止を訴える労働組合員、市民、学生たちからなる大勢のデモ隊が座り込みをしていた。米軍の輸送部隊はそこで立ち往生したあげく、約五〇時間後に、相模補給廠に引き返さざるをえなかった。

アメリカによる密かな政治的圧力

このような事態は米軍にも、アメリカ政府にも容認できるものではなかった。米軍にとって、その軍事活動が日本の国内法令により制限されるわけにはいかなかったのである。アメリカ政府は日本政府に対し、米軍部隊が日本国内を自由に移動できる権利を保障するよう密《ひそ》かに政治的圧力をかけていった。

一連の動きは、ジャーナリストの末浪靖司《すえなみやすし》氏がアメリカ国立公文書館で発見した、アメリカ政府解禁秘密文書から明らかになった。詳細はその著書『対米従属の正体』（高文研　二〇一二年）に書かれている。それにもとづいて大筋をたどってみよう。

米軍戦車の輸送が阻止された一九七二年八月五日、当時のインガソル駐日アメリカ大使は早速、アメリカ本国の当時のロジャーズ国務長官に緊急の秘密公電（電報のかたちでやりとりされる公文書）を送り、「米軍には日本国内の法令を守る義務がある」という日本の外務省の主張に対し、在日米陸軍は「〔日本国内での米軍の移動を保障する〕地位協定が国内法に優先する」と考えている、と報告した。

戦車輸送が阻止された直後の同年八月八日、当時の大平正芳《おおひらまさよし》外務大臣は国会で、「国内法上の制約というものを心得てやっていただかなければならない。それを米軍側に十分理解していただき、適正に事を運んでいただかなければならない」（衆議院内閣委員会）と答弁した。当時の増原恵吉《ますはらけいきち》防衛庁長官も同じように、「〔米軍は〕もとより国内法を順守するという前提の上で行うべき」であると国会で述べた（同前）。当時、日本政府が、米軍に対し国内法は原則として適用されるとの見解を保持していたことは、こうした国会答弁からもわかる。

しかし、アメリカ政府は政治的圧力を強めていった。一九七二年八月七日、ロジャーズ国務長官から在日アメリカ大使館に「極秘」扱いの公電（国務・国防両省共同メッセージ）が届いた。それは「日本政府の最高レベル」にアメリカ側の強い要求を告げよというものだった。

「日本政府の最高レベルに次のことを伝えよ。

ノース・ピア地域での紛争拡大を回避し、アメリカ政府の基本的立場が変わったと受け取られてはならない。

日本政府は、地位協定のもとで米軍用車両（装甲部隊を含む）が日本国内の米軍施設および区域に出入りし移動できるように、保障しなければならない。我々は当然、安保条約の合理的安全手続きによりこれらの権利を引き続き行使する。

合意議事録第五条第四項により法令を適用する可能性は認めるとしても、地位協定第五

条のもとで与えられている港湾施設への出入りを妨げる制限は許されない」（末浪氏訳）

「日本政府の最高レベルに伝えよ」というアメリカ側の強硬な方針は、すぐに日本側に伝えられた。その結果、八月一〇日には、大平外務大臣がインガソル大使に、戦車輸送をめぐって問題が起きたことを内密に謝罪したのである。インガソルは同日付の「秘」公電で、「大平は次のように述べた」とロジャーズ国務長官に報告している。

「地位協定のもとでアメリカの軍用車両が日本国内のアメリカの施設から港に出入りし、施設の間を移動できるようにする責任を日本政府が負っている」（末浪氏訳）

この大平発言は国防総省、米軍の統合参謀本部、米太平洋軍（現インド太平洋軍）司令部、在日米軍司令部など、関係する政府・軍当局にも伝えられた。

ところが、大平外務大臣は表向きには従来の見解をくりかえしていた。同年八月二三日の国会で、「米軍の基地施設間の移動についても国内法を順守していく、国内法上の手続に従っていくということでまいらないといけないと私は考えている。したがって、いまこういう問題が出てきたからといって、国内法令の改正というようなことに手を染めるべきではないと考えている」と答弁していた（参議院内閣委員会）。しかし裏側では、アメリカ側の圧力を受け、その意を迎え入れようとしていたのである。

大統領と国務長官の強い意向を背にして

アメリカ側の圧力、内政干渉はさらに強まった。

一九七二年八月三一日～九月一日、ハワイのホノルルで田中角栄総理大臣と当時のニクソン大統領の日米首脳会談が開かれた。田中総理には大平外務大臣ら外務省高官が随行していた。ニクソン大統領には、当時のキッシンジャー大統領補佐官（国家安全保障担当）が付き従っていた。

首脳会談に付随する日米高官の会議では、戦車輸送阻止事件をめぐる問題も取り上げられた。一九七二年八月三一日付、国務省の「秘」扱いの会話覚書の主題は、「日本の道路システムに関する米軍重装備の移動」。アメリカ側は、日本における米軍の活動の自由を保障するよう、大統領と国務長官の強い意向を背に、「問題の解決」を日本側に迫った。

「出席者：アメリカ側はジョンソン国務次官、インガソル駐日大使。日本側は大平外務大臣、鶴見外務審議官、牛場駐米大使、大河原駐米公使。

ジョンソンは、大統領と国務長官がこの問題の解決を強く望んでいることをお知らせしたい、そして、私はあなた方が精力的に取り組んでいること、この問題の解決が在日米軍の今後にとって極めて重要なので、問題をすぐに解決できるよう望むと述べた」（末浪氏訳）

そして、大平外務大臣はハワイでの首脳会談後の記者会見で、「安保条約の運用については、在日米軍基地の機能が円滑に保障される状態でなければならない」と表明した。

さらに、当時のレアード国防長官も一九七二年九月一二日、日米首脳会談を受けて、ロジャーズ国務長官に「極秘」書簡を送り、「米軍車両が基地と港湾の間を自由に移動する権利を確保することが必要だ」と、米軍の軍事的利益を強く訴えた。

「日本が安保条約の利益を共有したいのであれば、相模補給廠に対するデモ隊の妨害行動をやめさせなければならない。そうしてこそ、ホノルル首脳会談で確認したように、ニクソンと田中は両国の良好な関係を維持できる」（末浪氏訳）

ついに車両制限令を米軍に有利に改定

その後、ジョンソン国務次官は一〇月三日のレアード国防長官への返書で、インガソル大使が日本政府の「最高レベル」に対して、地方当局（横浜市）の妨害を許さないよう要求したと報告し、「日本政府が手をゆるめるなら、さらに重大な措置をとることをためらわない」と約束した。

しかし一方で、アメリカ国務省の法律顧問は当時、日米地位協定に特に明記された規定がないかぎり、米軍は日本の法令に従う義務があるという、国際法の原則にもとづく見解を示していた。

それは、一九七二年一〇月五日付、トーマス・ジョンソン国務省東アジア局法律顧問から同局日本部ジェームズ・シンへの「部外秘」覚書、「日本における米装甲車両移動の限界」に記されている。

「地位協定の条項に反する日本の法令に従う義務はないということには、一般的命題として同意できない。協定は日本に一定の義務を課しており、これに反する法律の制定や執行は協定違反になるかもしれないが、特に協定に明記しない限り、米軍は協定のもとであらゆる日本の法令に従う義務がある」（末浪氏訳）

だが、このような国務省の法律顧問の見解にもかかわらず、アメリカ政府は日本政府への圧力の手をゆるめず、ついに田中内閣は一九七二年一〇月一七日、米軍車両を車両制限令の適用除外とする改定を閣議決定した。水面下の圧力に屈したのである。それは米軍の都合に合わせて法令まで変えてしまうという信じがたい行為だった。

その結果、米軍の戦車や装甲車は次々と横浜港のノース・ピアに輸送され、南ベトナムの戦場に送り返された。

アメリカ政府は狙いどおりに、米軍が日本の国内法令に妨げられることなく自由に動き回れるよう、日本の法令を変えさせた。地位協定によってすでに得ている特権を、より強化・拡大することに成功したのである。

フリーハンドの基地使用と軍事活動のための圧力

前出のアメリカ国務省の法律顧問の見解でも、「特に協定に明記しない限り、米軍は協定のもとであらゆる日本の法令に従う義務がある」とされていたように、安保条約・地位協定上の法的解釈においては、当然そうあるべきことはアメリカ側もわかっていたはずだ。

しかし、わかっていても、米軍が日本での軍事活動を最大限自由におこなう特権を確保し、できればさらに拡大もしたかったにちがいない。だから裏で政治的圧力をかけ、米軍にとって都合の悪い日本の法令（車両制限令）を変えさせたのである。結局、日本政府もそれに従った。

戦車輸送阻止のケースでは、道路法・車両制限令という国内法令が、横浜市という一自治体に戦車の輸送を止めさせる権限・法的根拠を与えていた。そのために米軍はベトナムの戦場に戦車を送り返せず、軍事作戦が滞った。またこのような問題が起きるのは避けたい。それがアメリカ側の本音であったろう。

だから、何か問題が生じるたびに、日本政府に対処を迫り、圧力をかけたりする必要もないように、米軍のフリーハンドの基地使用と軍事活動の保障を確固たるものにしたかったのではないか。

そこで、アメリカ国務省の法律顧問の見解とも重なる従来の日本政府の見解、「〔米軍基地には〕原則として日本の法令が適用になる」（「高橋答弁」）を変えさせることが、必要になったのではないだろうか。

そして、「地位協定に明文の規定がない場合は、〔米軍に対して〕国内法令の適用はない」とする「大河原答弁」、外国軍隊と受け入れ国の法令の関係において、原則と例外を逆転させる新たな政府見解が、用意されたのではなかったか。

「高橋答弁」は〝原則としてすべての国内法令を適用する。例外として特例法などによって一部の法令に適用除外を設ける〟という論理構成である。一方、「大河原答弁」は〝原則としてすべての国内法令を適用しない。例外として地位協定に明文規定がある場合には一部の法令を適用する〟だ。

当然、前者は適用する法令が多く、適用しない法令が少ない。後者は適用する法令が少なく、適用しない法令が多い。つまり、大違いなのである。米軍に対する国内法令の歯止めの幅広さと重みがまったく異なっているのだ。もちろん「大河原答弁」のほうが、歯止めはゆるい。いや、事実上、歯止めはほとんどなくなってしまったと言っていい。

日米合同委員会での合意はなかったのか

車両制限令の改定後もアメリカ側からの政治的圧力が続き、その結果、「大河原答弁」が生まれたというのは、あくまでも推測である。そのような事実を示すアメリカ政府や日本政府の秘密文書などが発見されているわけではない。

ただ、大河原アメリカ局長は、戦車輸送阻止事件から車両制限令の改定にいたる時期、ハワイでの日米首脳会談に駐米公使として随行した。「日本の道路システムに関する米軍重装備の移動」を主題とする日米高官会議にも出席していた。「日本の最高レベル」へのアメリカからの圧力、大統領と国務長官の強い意向を知る立場にあったことは確かだ。

そして、大河原氏は車両制限令の改定の直前（一九七二年九月八日）に、アメリカ局長に就任した。アメリカ局とは現北米局。その局長は日米合同委員会の日本側代表である。大河原氏はそれ以前、アメリカ局参事官として日米合同委員会の日本側代表代理だったこともある。

日米合同委員会では、米軍側は軍事優先の立場から要求を出してきて、日本側の高級官僚たちはほぼそれを受け入れているとみられる。

その日米合同委員会の密室協議の場で、一九七二年一〇月の車両制限令の改定から七三年七月の「大河原答弁」までの間に、外国軍隊と受け入れ国の法令の関係において、原則と例外を逆転させる方向での話し合いはされなかったのだろうか。そして、「大河原答弁」につながる何らかの合意に達することはなかったのだろうか。あるいは日米合同委員会もふくむ複数のチャンネルで日米間の水面下の協議があったのかもしれない。

関連する日米の秘密文書がもしも公開されるようなことがあれば、真相は解明されるだろう。

いずれにしろ、当時、日米合同委員会に日本側代表や代表代理として深く関わっていた大河原氏が、アメリカ局長として国会で答弁した内容が、米軍に対する国内法令の歯止めを事実上取り払い、米軍の特権を強化することにつながったことはまちがいない。

外務省機密文書と「大河原答弁」

「大河原答弁」の原型は、実は外務省の機密文書『日米地位協定の考え方・初版』に出てくる。同文書は、沖縄の施政権が返還された翌年の一九七三年四月、外務省条約局（現国際法局）条約課とアメリカ局（現北米局）安全保障課により作成された（増補版は八三年一二月に作成）。「大河原答弁」の三ヵ月ほど前である。

『日米地位協定の考え方・初版』にはすでに、「一般国際法上、外国の軍隊には接受国の法令の適用はない」という、「大河原答弁」と同じ見解の解説が書かれていた。

「一般国際法上、外国軍隊には接受国の法令の適用がない。これは、軍隊が国家機関であり、接受国の主権の下に服さないことの当然の帰結である。従って、わが国に駐留する米軍（集合体としての軍隊及び公務遂行中の軍隊の個々の軍人等）に対しては、施設・区域の内外を問わず、原則としてわが国の法令の適用はない。右で原則としてというのは、地位協定上、特定の事項に関する法令の適用が日米間で合意されている場合があることを指している」

「大河原答弁」とそっくりである。この事実、そして『日米地位協定の考え方・初版』が作成された直後に、国会で「大河原答弁」がなされた点を考え合わせると、末浪靖司氏が指摘するように、やはり「『大河原答弁』は外務省を中心に周到に準備されたものだった」と見ていいだろう。

『日米地位協定の考え方・初版』では、この「原則としてわが国の法令の適用はない」という解釈の先例として、一九六〇年の安保条約改定をめぐる国会審議での、当時の林修三《はやししゅうぞう》内閣法制局長官による答弁（六〇年六月一一日の参議院日米安保条約等特別委員会。以下、「林答弁」）をあげている。その概要は次のとおりである。

一般的に、〔米〕軍隊も日本にある間は、日本の法令を尊重すべきものであることは当然である。しかし、軍隊というものの特性から、その軍隊の行動に必要な範囲のことは、日本の法令の適用が排除される。国際法的に見てもそう考えられる。

軍隊の特性上、その軍隊の特性に反するような法令の適用はないと考えざるを得ない。

しかし、この答弁は決して先例といえるものではない。「軍隊の行動に必要な範囲のこと」

は「日本の法令の適用が排除される」と述べているが、それは要するに「高橋答弁」にある「〔米〕軍の必要な限り、〔地位〕協定に基づいて個々の法令の適用を除外している」と同じことなのである。「原則としてわが国の法令の適用はない」などとは述べていないし、そのような解釈をする余地はない。

したがって、「軍隊の行動に必要な範囲のこと」は「日本の法令の適用が排除される」からこそ、米軍に対する法令の適用除外を定めた「安保特例法・特別法」が制定されたのである。「軍隊の特性に反するような法令の適用」をしないために、「軍隊の行動に必要な範囲」で適用除外の規定をあらかじめ設けたのだ。「林答弁」は「大河原答弁」のように、外国軍隊と国内法令の関係について原則と例外を逆転させてはいない。

そこで、おそらく『日米地位協定の考え方・初版』の解説では、「林答弁」の「軍隊の特性に反するような法令の適用はない」、「日本の法令の適用が排除される」という部分を拡大解釈して、「〔米軍には〕原則としてわが国の法令の適用はない」という、原則と例外を逆転させる解釈の操作をしたのだと考えられる。そして、それが「大河原答弁」につながっていったのではないか。外務官僚たちによる恣《し》意《い》的な解釈操作があったとしか思えない。

軍事優先・米軍優位の発想にもとづく解釈

このような解釈操作を通じて、『日米地位協定の考え方・初版』では、米軍の活動に国内法令を適用しない理由を軍隊の特性・機能と結びつけて説明したうえで、適用が排除されるとする法令を例示している。

「(日本の) 法令の執行のために施設・区域内の米軍の活動が結果的に諸種の規制を受けることとなったのでは、軍隊としての機能を維持できず、任務を有効に遂行しえないこととなるので、その限りにおいては協定上明文の規定がある場合を除き、わが国の法令の適用は、排除されることとなると考えられる」

つまり、「軍隊の機能維持、任務の有効な遂行」を優先し、それを規制するような「わが国の法令の適用は排除」するということだ。軍事優先・米軍優位の発想にもとづく解釈にほかならない。そして、具体的な例をあげている。

「従って、例えば、施設・区域における軍隊としての活動には騒音規制法の適用はなく、又、米軍の行なう弾薬庫の設置、建築、埋立て等にはそれぞれ火薬類取締法、建築基準法、公有水面埋立て法等の適用はないものと解せられている」

これらの法律に関連して、航空法特例法や道路運送法等特例法のように米軍への適用除外を定めた「安保特例法・特別法」はない。そこで、このように解釈操作による「適用排除」をしているわけだ。

つまり「適用排除」は、特例法・特別法という立法手続きを経た法令の規定ではない。また地位協定に明文の規定があるわけでもない。『日米地位協定の考え方・初版』に書かれているように、「適用はないものと解せられている」という外務官僚の一方的な解釈にすぎないのである。しかも、非公開の外務省機密文書に記載しておいて、外部からのチェックも受けないまま、国会答弁や政府見解のもとにしている。

このような恣意的な解釈操作が許されていいのだろうか。これらの法律は国民・市民の生活環境、生命、健康、安全に深く関わるものだ。

前出の本間浩氏は、このような外務省の解釈・説明のもとで、「基地騒音、環境汚染問題、〔米軍の〕運用に伴う住民の迷惑、負担問題が起こっていても、根本的には問題が解決できないという状況がつくり出されている」と強く批判している（『検証〔地位協定〕日米不平等の源流』）。

司法にまで影響を及ぼす政府見解

たとえば騒音規制法は米軍の活動に適用されないと解釈されているために、国内法令にもとづく規制の手が米軍機の飛行訓練などに及ばない。そのため、米軍基地周辺に加えて、「横田空域」、「岩国空域」、各低空飛行訓練ルートなどで米軍機が騒音公害を引き起こしても、放置されている。

前述のように、横田、厚木、嘉手納、普天間などの米軍機騒音公害訴訟で、米軍機の爆音は騒音公害だとして違法性と住民への損害賠償が認められても、その違法な騒音の発生源である米軍機の飛行そのものは規制できず、夜間・早朝の飛行差し止めは認められないのである。

米軍機騒音公害訴訟では、「国〈日本政府〉は、条約ないしこれにもとづく国内法令に特別の定めがないかぎり、米軍基地の飛行場の管理運営の権限を制約し、その活動を制限できないところ、関係条約および国内法令に特別の定めはない」という理由によって、飛行差し止め請求が却下あるいは棄却されている。

『日米地位協定の考え方・初版』にもとづく「大河原答弁」の、地位協定に明文の規定がない場合は国内法令の適用はないという政府見解が、裁判での国側の主張に取り入れられているのだ。

裁判所もその主張を受け入れ、「米軍基地の管理運営に適用される国内法令はない。したがって日本政府は米軍飛行場の管理運営の権限を制約し、その活動を制限できない。だから、日本政府はその支配の及ばない第三者すなわち米軍の行為である飛行の差し止めをできない。そのような立場の政府に差し止めを求めるのは不適当だ」という論理構成で、原告の訴えをしりぞけている。

前出の本間浩氏は自著『在日米軍地位協定』のなかで、横田基地や厚木基地の騒音公害訴訟で、裁判所が「大河原答弁」の見解を認めている点を、こう批判している。

「裁判所も、この外務省アメリカ局長の見解とは異なる考え方の可能性を全く検討することも無しに、またはその可能性を軽視して、同見解を認めて、それに従っているように思われる。……中略……それだけに、問題は重大である」

「大河原答弁」は行政だけでなく、司法にまで大きな影響を及ぼしている。

国内法令を適用するとしないとでは大違い

また、軍隊に火薬はつきものではあるが、その安全な管理が必要であることは言うまでもない。ところが、米軍の弾薬庫などでの保管や輸送時の安全管理などは十分なのかどうか日本側が確認したくても、国内法の火薬類取締法が「適用排除」されていては、立ち入り検査などによって安全面をチェックできない。

さらに、消防法も外務省や消防庁の官僚による国会答弁で「米軍に対しては適用がない」とされている。しかし、消防法が「適用排除」されていると、米軍の貯油施設のタンクなどの安全性も確認できない。

現に一九八一年一〇月一三日、横浜市にあった米軍小柴《こしば》貯油施設（二〇〇五年に日本側に返還）で大型地下タンクが爆発、ジェット燃料が炎上した事件では、タンクは旧日本海軍の古いもので、米軍がそのまま使用しており、危険物の規制に関する政令の地下タンク貯蔵所の安全基準に達していないことがわかった。しかし、横浜市消防当局は基地内に立ち入って、この危険なタンクを調査したことはなかった（『基地と人権』）。

本来なら、米軍に対して「原則として日本の法令が適用になる」ところを、「原則としてわが国の法令の適用はない」と解釈を逆転させた、外務省の『日米地位協定の考え方・初版』や「大河原答弁」によって、火薬類取締法や消防法は米軍に対して「適用排除」という政府見解ができあがってしまった。

そのために、米軍の弾薬庫や貯油施設などの安全性を外部からチェックできず、住民の安全がおびやかされる現実がもたらされている。八一年の米軍小柴貯油施設の爆発火災では、爆風や飛散物で市民三名が負傷、三四九棟の建物で六〇六件、計五四六世帯に及ぶ被害が出た(『基地と人権』)。

恣意的な解釈操作にもとづく「大河原答弁」のような政府見解が、米軍による主権侵害を放置し、その結果、米軍基地や米軍の活動に起因する被害の防止・軽減、人権侵害の救済を妨げてしまう。

沖縄県の「他国地位協定調査中間報告書」によると、ドイツでは米軍機にもドイツの航空法や騒音防止に関する法律が適用されている。したがって米軍の活動を制限できており、「米軍も騒音基準値を守らなくてはならない」のである。

それぞれの米軍基地には騒音軽減委員会が設置され、基地司令官、周辺自治体の首長、ドイツ政府と米軍の騒音に関する部署の担当者、市民団体の代表者などが委員となっている。米軍側は自治体側の意見を聴取し、騒音軽減に前向きに対応しているという。

また同報告書によると、ドイツでは警察や消防に関する国内法令や規則も米軍基地に適用されている。たとえばラムシュタイン基地にはドイツの警察官が二名常駐している。同基地で実施されている夜一〇時~朝六時の飛行制限措置は、「ドイツの国内法が米軍にも適用されていることによる」ものである。さらにラムシュタイン基地に、地元自治体の市長や市職員は適切な理由があれば立ち入りができ、そのために年間パス(通行証)まで支給されている。

このような米軍に対する実効性のある規制は、残念ながら日本では実現していない。国内法令にもとづく規制をかけられない日本とは、まさに対極的なのである。外国軍隊に対し国内法令を原則として適用するかしないかで、これほどの大きな違いが生じてくる。どちらが独立国、主権国家としてふさわしい状態にあるのかは言うまでもない。

地位協定を改めて日本法令の適用を明記すべき

「大河原答弁」では、「一般国際法上も外国の軍隊は接受国の国内法令を尊重する義務を負っている。地位協定にもその尊重義務の規定がある」としている。しかし、地位協定に明文の規定がない場合は国内法令の適用はないと解釈する以上、あくまでも「尊重義務」にすぎない位置づけである。国内法令を守り、それに従わなければならない義務とは解釈されていない。

実際、一九八一年四月七日に、当時の味村治《みむらおさむ》内閣法制局第一部長が国会で、「一般国際法の上では、外国の軍隊はその国の法令を尊重する義務があるというふうに言われている。これは、その国における公共の安全、国民の利益というものに悪影響を及ぼさないようにその国の法令を尊重する義務がある」としたうえで、「これは〔その国の法令の〕適用があるとか、従わなければならないということではない」と答弁をしている（参議院建設委員会）。

だから、「尊重義務」といっても建前にすぎないのが実態である。裁判で騒音公害として違法と認める判決が出ているのに、相変わらず米軍機が爆音を放って飛びまわり、墜落事故などの危険にみちた飛行訓練をやめない米軍の事実上の治外法権ぶりを見るだけでも、それは明らかだ。単なる「尊重義務」では、「公共の安全、国民の利益に悪影響を及ぼさない」ように米軍の活動を規制することはできない。

だからこそ、全国知事会や日本弁護士連合会の提言にあるように、米軍に対し国内法令を原則として適用し、米軍の活動に実効性のある規制をかけられるようにしなければならないのである。日本弁護士連合会は「日米地位協定の改定を求めて」で、地位協定を抜本的に見直し、米軍に対する日本法令の適用と、規制の実効性確保のための日本側当局による基地立ち入りの権限を明記すべきだと訴えている。

「地位協定に、領域主権の原則に従い、日本法令が原則として適用されることと、その適用確保等のための日本側当局の基地内立入権を、明文で規定すべきです。そのことにより、日本政府も米国に対し、航空機騒音規制など、日本の法令の遵守を堂々と求めることができることになります」

日米地位協定には、米軍に対し日本の法令は適用されるのかどうかについての明確な規定は書かれていない。だから、この点を条文としてはっきり書き込むべきだというのである。

そして、具体的な地位協定の改定案を次のように提示している。

「米軍及び米軍人・軍属・家族に対し、その内部事項及び条約・日本法令に定めがある場合以外は、施設・区域の内外を問わず、日本法令が適用されることを明確にすべきこと。日本国・地方自治体の当局は、日本法令の適用の確保等、その公務の遂行に必要な場合、事前に通知し、緊急な場合には事後の通知により、施設・区域内に立ち入り、調査し、必要な措置を執ることができるものとすること」

このように抜本的に改めてこそ、独立国・主権国家にふさわしい状態へと改善できるはずである。

全国知事会の「米軍基地負担に関する提言」が発表されてから、二〇一八年一二月の時点で、北海道議会、岩手・長野・奈良・和歌山・佐賀・宮崎県議会、札幌市・長野市議会など、合わせて七つの道県議会と三六の市町村議会において、地位協定の改定や見直しを求める意見書が決議されている（『しんぶん赤旗』二〇一八年一二月二八日）。

それら意見書の多くは、全国知事会の提言と同じように、航空法や環境法令などの国内法を原則として米軍にも適用させること、事件・事故時の自治体職員の基地への迅速かつ円滑な立ち入りの保障などを求めている。

今後、全国各地の自治体で保守・革新の政治的立場の違いをこえて、同様の意見書が決議されてゆくことも考えられる。全国知事会で史上初めて、地位協定の改定を求める提言が出されたことが、いかに重みを持っているかを示す動きだといえる。

このような地方での動きが広まれば、政権与党の自民党国会議員も各地の選挙区に地盤があるので、地元の自治体や議会の声を無視もできず、地位協定の改定問題に何らかの姿勢を示さざるをえなくなるのではないか。

米軍優位の拡大解釈・解釈操作の余地を封じる

そのためには乗り越えるべきハードルがある。「大河原答弁」とそれにもとづく政府見解である。米軍に対し日本の法令は原則として適用されないとする現行の政府見解を、原則として適用されるとする「高橋答弁」の見解に引き戻さなければならない。それこそが本来の政府見解であったといえるからだ。

「大河原答弁」とそれにもとづく政府見解は、外務省機密文書『日米地位協定の考え方・初版』の解説ぶりでも明らかなように、元はといえば外務官僚の解釈操作によるもので、正当性があるとも思えない。

そもそも日米安保条約や地位協定の解釈を、外務省の北米局や国際法局（旧条約局）の官僚が独占するようなかたちでまとめ、機密文書に解説を載せて、国会で答弁したり、あるいは大臣など政治家の国会答弁をお膳立てし、実質的に政府見解をつくりあげること自体がおかしい。

このようないわば解釈の「独占権」を官僚機構が握ることによって、地位協定の運用、外国軍隊と国内法令の関係などについて、外務官僚が米軍に有利な拡大解釈や解釈操作を重ねているのは、とても正常な状態とはいえない。

外国軍隊と国内法令の関係について原則と例外を逆転させた「大河原答弁」にしろ、射爆撃を伴わない飛行訓練は施設・区域外でもできるとする斉藤条約局長の答弁（175ページ）にしろ、一方的に従来の政府見解を一八〇度くつがえす答弁を通じて、米軍に有利な新しい政府見解がつくられる。

その結果、米軍はより自由勝手な基地使用と軍事活動の特権の幅をひろげてゆく。米軍優位の地位協定の構造はより強固なものとなる。それと比例するように日本の主権がより侵害されるとともに、米軍機の騒音被害などによる人権侵害も拡大される。

このようなサイクルを断ち切るためにも、地位協定を抜本的に改定し、米軍に対し日本の法令を原則として適用することや、施設・区域外での飛行訓練を禁じることなどによって、米軍優位の拡大解釈や解釈操作をする余地を封じなければならない。

また、航空法特例法も抜本的に改定し、米軍に対する航空法の規定の適用除外を最小限にして、最低安全高度なども遵守させる必要がある。米軍への国内法の適用の幅をひろげなければならないのである。より根本的には航空法特例法の廃止へと進むべきだろう。

国会もチェックできない日米合同委員会

さらに、日米合同委員会のあり方も見直す必要がある。

日米合同委員会の議事録も合意文書も原則として非公開である。国民・市民の目も届かない密室での、ごく限られた高級官僚と在日米軍高官の合意が、「いわば実施細則」として「日米両政府を拘束する」ほどの大きな効力を持つとされる。それ自体が、いかに異常なことかもっと広く知られてほしい。
安倍晋三《あべしんぞう》内閣は、山本《やまもと》太郎参院議員（自由党）からの日米合同委員会に関する質問主意書への答弁書（二〇一七年一二月一二日）で、「日米合同委員会合意は、日米地位協定の実施の細則を定める取決めであることから、その内容について国会の承認を得る必要があるとは考えていない」と言い切っている。

つまり日米合同委員会には国会のチェックが及ばないようにされているのである。憲法にもとづく国権の最高機関である国会、主権者の代表である国会議員にさえも、議事録や合意文書は秘密にされ、取り決めの内容は明かされない。

それでいて、その合意は「日米両政府を拘束する」ほどの力を持つというのだ。日米合同委員会は国権の最高機関でさえもチェックできない、アンタッチャブルな存在ということになる。このような国会無視の状態を安倍内閣は当然視して、上記の答弁書を出してきたのである。

故翁長雄志元沖縄知事が全国知事会の米軍基地負担に関する研究会、参議院外交防衛委員会の委員らとの会談、辺野古《へのこ》埋め立て承認撤回の記者会見などで語った、「日本国憲法の上に日米地位協定があり、国会の上に日米合同委員会がある」という言葉どおりの異常な状態が、長年にわたって放置されているのである。翁長元知事は「地位協定と合同委員会の解釈や運用について、日本国が異議を示せない状況だ」とも指摘していた。

第一章で述べたように、そもそも地位協定には、日米合同委員会の合意が「日米両政府を拘束する」などとはひと言も書かれていない。地位協定で定められたことでも、国会で承認されたものでもなく、密室協議で一方的にそう解釈して、事を運んでいるだけなのだ。それ自体が一種の密約にほかならない。

ただ、アメリカ側が日米合同委員会の合意に常に拘束されているわけではない。米軍は地位協定により基地の「排他的管理権」、フリーハンドの軍事活動の特権を得ている。だから軍事上の必要に応じて、日米合同委員会の合意に拘束されずに自由に動くのが実態である。

たとえば、これまで横田・厚木・嘉手納・普天間基地での米軍機の騒音を、可能な限り最小限にするなどの措置をとると、日米合同委員会で合意してきた。しかし、その合意には「できる限り」や「最大限の努力」、「任務に必要とされる場合を除き」などの条件が付けられており、実際は有名無実化している。常に抜け道が用意されているのだ。すべては米軍しだい、米軍まかせという、米軍優先の仕組みなのである。基地周辺の住民が米軍機の騒音に苦しむ現実は変わらない。

また、普天間基地にMV22オスプレイが配備される際の日米合同委員会の合意では、「MV－22を飛行運用する際の進入及び出発経路は、できる限り学校や病院を含む人口密集地域上空を避けるよう設定される」と決められた。しかし、その合意は守られず、オスプレイは人口密集地の上を飛んでいる。

「運用上必要な場合を除き、MV－22は、通常、米軍の施設及び区域内においてのみ垂直離着陸モードで飛行し、転換モードで飛行する時間をできる限り限定する」とも決められた。

回転翼を垂直・水平に切り換える転換モードのとき、機体が不安定になりやすいリスクが高いからである。しかし、実際は基地外の市街地上空での転換モードを繰り返している。

やはり「できる限り」や「運用上必要な場合を除き」という抜け道があるのだ。低空飛行訓練に関する日米合同委員会の合意でも、「安全性を最大限確保」や「地元住民に与える影響を最小限にする」が有名無実化しているのは、すでに述べたとおりである。

日米合同委員会の密室合意システムの廃止を

日米合同委員会の密室での合意に「日米両政府を拘束する」ほどの力を持たせる不透明なシステムが、第一章で述べたように「航空交通管制に関する合意」の名のもとに、「航空管制委任密約」を生み出した。それは航空法という国内法上の法的根拠もなく、航空法特例法で例外的に認められているわけでもない合意内容で、米軍に「横田空域」や「岩国空域」での航空管制の特権を与えている。

米軍の低空飛行訓練のケースも同様である。第三章で述べたように、地位協定上の法的根拠のない施設・区域外での低空飛行訓練を、日米合同委員会の密室協議を通じて、米軍の「戦闘即応体制を維持するために必要」なものとして認めた。やはり米軍に特権を与えたのである。

しかし日米合同委員会の合意は、日本政府が説明するように地位協定の運用に関する実施細則だ。そうである以上、「合同委員会は、当然のことながら地位協定又は日本法令に抵触する合意を行うことはできない」のである（『日米地位協定の考え方・増補版』）。

したがって、日本法令である航空法上の法的根拠がないのに、米軍による「横田空域」や「岩国空域」での航空管制を認めることは、日本法令に明らかに抵触しているから、本来なら実施細則として「合意を行うことはできない」のである。地位協定上の法的根拠のない施設・区域外での低空飛行訓練もまた同様である。そもそも「合意を行うことはできない」実施細則であるなら、その合意に正当性はなく、無効でなければならないはずだ。

このように正当性に欠ける日米合同委員会の密室の合意システムを、放置してはならない。放置したままでは、仮に地位協定を抜本的に改定したとしても、その規定をすり抜けて米軍に有利な合意・密約がつくられてゆくだろう。

したがって、米軍に対し実効性のある規制をかけるためには、日本法令を原則として適用することなど地位協定の抜本的改定とともに、不透明な日米合同委員会の合意システムを廃止しなければならない。

そのためには、安保条約第六条で米軍の日本における基地使用と法的地位は、地位協定と「合意される他の取極《とりきめ》」によって規律される、と定めている点も問題にしなければならない。

外務省北米局日米安全保障条約課によると、日米合同委員会の合意にはこの「合意される他の取極」に該当するものもあるという（182ページ）。ところが、どの合意が該当するのか明らかにはされておらず、いったいどのような合意がいくつあるのかも公表されていない。日米合同委員会の合意の全容は、国会のチェックも及ばないブラックボックスに隠されている。

そのような日米合同委員会の密室の合意に、米軍の基地使用と法的地位を規律する「合意される他の取極」という強力な法的効力を与えること自体がおかしい。この安保条約第六条の「合意される他の取極」という、国会を関与させずに、政府すなわち行政機関によって取り決めができる仕組みも見直すべきだろう。

そして、日米合同委員会の全面的な情報公開と米軍優位の密約の廃棄も、もちろん必要である。当然、「横田空域」や「岩国空域」の全面返還、米軍の施設・区域外での飛行訓練の禁止も実現しなければならない。

ゆくゆくは日米合同委員会そのものも廃止して、地位協定の解釈と運用を国会の開かれた場で、主権者である国民、市民の目が届くかたちで議論し、管理するように改めるべきである。そこに自治体からの代表者も参加でき、住民の声も汲《く》み上げられる仕組みも欠かせない。

それは「横田空域」、「岩国空域」、「横田空軍基地有視界飛行訓練エリア」、各地の低空飛行訓練ルートなど、日本の空を米軍の戦争のために利用させないことにもつながっている。

あとがき

本文ではふれられなかった「羽田新ルート」と「横田空域」の問題について、少しだけふれてみたい。「羽田新ルート」とは、二〇二〇年の東京五輪・パラリンピックに向けた、羽田空港の国際線増便のために、従来の東京湾上空の飛行ルートに加え、東京の市街地上空を低空で飛行する予定の新しいルート案を指す。

国土交通省は海外からの訪日客の増加を見込んで、羽田空港の国際線の年間発着回数（昼時間帯）を現在の六万回から九・九万回に増やす計画を立てている。新ルート案は国際便が集中する夕方の約四時間、南風の場合、旅客機が都心上空を通り、使用する滑走路や天候などによって、「横田空域」内に数分間入ることになる（『読売新聞』二〇一八年一一月四日朝刊）。

つまり「横田空域」の東端部（埼玉県と東京都にまたがる）を通過することになるため、日本政府は米軍側と日米合同委員会で、「羽田新ルート」の航空管制について協議をしてきた。米軍側は「横田空域」内の旅客機の通過は認める一方で、航空管制の混乱を防ぐためとして、「米軍が引き続き管制を担うべきだ」と主張。日本側は「旅客機の円滑な着陸のため、日本側による管制が必要だ」と訴えた。その結果、米軍側は旅客機の通過時間帯を午後の短い時間に限定することなどを条件に、通過旅客機に対する日本側の管制を容認する方向となった。東京五輪が終わったあとも日本側が管制を続ける見通しだ（同前）。

要するに、米軍側が日本側にごく一部、ごく限定的に航空管制をしてもいいと、おこぼれ的に許可を与える合意内容だといえる。首都圏の空がいまだに米軍の〝占領状態〟におかれているとしか言いようがない、「横田空域」の本質が表れている。

この「羽田新ルート」に対して、新ルート沿いの地域住民の間から、強い反対の声があがっている。もしも新ルートが設定されたら、羽田空港への着陸機は南風時に、埼玉県の方角から東京都の板橋《いたばし》、北《きた》、練馬《ねりま》、豊島《としま》、中野《なかの》、新宿《しんじゆく》、渋谷《しぶや》、目黒《めぐろ》、港、品川《しながわ》、大田《おおた》の各区の上空を通る。しかも高度約九一五メートルから約二〇〇メートルへと降下しながら、人口密集地の上を飛ぶ。

騒音被害、墜落や部品落下の事故などに対する不安から、新ルート沿いの各区では反対運動を進める住民団体ができ、横のつながりとして「羽田増便による都心低空飛行計画に反対する東京連絡会」も結成された。同会は新ルートの白紙撤回を求めている。

このように論議を呼ぶ「羽田新ルート」問題について、航空評論家の秀島一生《ひでしまいっせい》氏は、「横田空域」が返還されれば、そもそも都心上空の飛行ルートを設定せずに、羽田空港の増便の需要に応えられるとして、こう述べている。

「国交省が新飛行ルートの検討に四苦八苦していたのは、羽田の滑走路が四〇度、五〇度、一六〇度という現在の向きに固定されているから。横田空域の削減を進め、ゼロベースで米軍と協議すれば、滑走路がより自由に配置でき、実現可能な航空路も増える」（『東京新聞』二〇一七年一二月一〇日朝刊）

何も東京都心の上空に低空飛行の新ルートを設けなくても、「横田空域」がなくなれば、人口密集地への騒音被害や事故の危険をもたらす懸念のない航空路を、いろいろと工夫できるというのである。「横田空域」がいかに民間航空の安全かつ効率的な運航を阻害しているかがわかる。「横田空域」の全面返還の必要性はこのことからも明らかだ。

最後になりましたが、本書の取材に際して有意義なお話をお聞かせいただき、貴重な資料もご提供いただくなどした、取材協力者の皆様に心より感謝申し上げます。

また、本書の企画段階から刊行にいたるまで、丹念に原稿を読み込んでのご助言をいただくなど、強い問題意識をもってご尽力いただきました、角川新書の堀由紀子さんにも心より感謝申し上げます。

二〇一八年一二月二五日

吉田敏浩

主要参考文献（本文関連順）

『在日米軍』梅林宏道著　岩波新書　二〇一七年
「撤去運動50周年に寄せて・資料集」麻布米軍ヘリ基地撤去実行委員会作成・発行　二〇一七年
『東京・横田基地』「東京・横田基地」編集委員会編　連合出版　一九八六年
『神奈川の米軍基地』神奈川県企画部基地対策課編・発行　二〇〇五年
『沖縄の米軍基地』沖縄県知事公室基地対策課編・発行　二〇〇八年
『日米安保条約全書』渡辺洋三・吉岡吉典編　労働旬報社　一九六八年
『安保条約　その批判的検討』（『法律時報臨時増刊』日本評論社　一九六九年）
『在日米軍地位協定』本間浩著　日本評論社　一九九六年
『日米地位協定逐条批判』地位協定研究会著　新日本出版社　一九九七年
『日米地位協定』明田川融著　みすず書房　二〇一七年
『日米「密約」外交と人民のたたかい』新原昭治著　新日本出版社　二〇一一年
『対米従属の正体』末浪靖司著　高文研　二〇一二年
『本当は憲法より大切な「日米地位協定入門」』前泊博盛編著　創元社　二〇一三年
『日本はなぜ、「戦争ができる国」になったのか』矢部宏治著　集英社インターナショナル　二〇一六年
『日米軍事同盟史研究』小泉親司著　新日本出版社　二〇〇二年
『「日米合同委員会」の研究』吉田敏浩著　創元社　二〇一六年
『密約　日米地位協定と米兵犯罪』吉田敏浩著　毎日新聞社　二〇一〇年
『基地対策』Ｎｏ．５　沖縄市役所企画部平和文化振興課編・発行　一九九二年

「日米合同委員会の考察」安座間喜松著（『脱冷戦後の軍事基地の態様に関する研究』研究代表者・島袋邦　琉球大学法文学部　一九九三年）
「日本を操る『影の政府』」ＳＡＰＩＯ編集部著（『ＳＡＰＩＯ』二〇一五年四月号　小学館）
『部外秘　日米行政協定に伴う民事及び刑事特別法関係資料』最高裁判所事務総局編・発行　一九五二年
『部外秘　改訂　日米行政協定と刑事特別法』国家地方警察本部刑事部捜査課編・発行　一九五四年
『部外秘　外国軍隊に対する刑事裁判権の解説及び資料』法務省刑事局編・発行　一九五四年
『部外秘　地位協定と刑事特別法』警察庁刑事局編・発行　一九六八年
『秘　合衆国軍隊構成員等に対する刑事裁判権関係実務資料』法務省刑事局編・発行　一九七二年
『外務省機密文書　日米地位協定の考え方・増補版』琉球新報社編　高文研　二〇〇四年
『秘　日米地位協定の考え方・初版』外務省編・発行　一九七三年
『Confidential U.S. State Department Special Files,JAPAN,1947-1956』UNIVERSITY PUBLICATIONS OF AMERICA編・発行　一九九〇年
『アメリカ合衆国対日政策文書集成Ｉ「日米外交防衛問題」１９５９-１９６０年』全九巻　石井修監修・解題　柏書房　一九九六年
『アメリカ合衆国対日政策文書集成　アメリカ統合参謀本部資料　１９５３-１９６１年』全一五巻　石井修・小野直樹監修　柏書房　二〇〇〇年
「米解禁文書に見る富士演習場返還交渉の背景と経過——１９６０年〜68年」新原昭治編著　私家版　二〇一〇年
「当然の『横田空域』一部返還」山本眞直著（『前衛』二〇〇七年一月号　日本共産党中央委員会）
「米軍事『空域』」（『選択』一九九九年八月号　選択出版）
「米軍『横田空域』」（『選択』二〇一〇年一一月号　選択出版）

「奪われた首都の空『横田空域』３Ｄ大図解」（『週刊ポスト』二〇一四年一〇月一〇日号　小学館）
「羽田空港『海から入って海へ出る』を手放すな」秀島一生・奈須りえ対談（『世界』二〇一六年一一月号　岩波書店）
「『横田空域』を取り戻さぬ安倍」（『選択』二〇一八年一一月号　選択出版）
『平成30年版　防衛白書』防衛省編・発行　二〇一八年
『カラー図解でわかる航空管制「超」入門』藤石金彌著　航空交通管制協会監修　ＳＢクリエイティブ　二〇一四年
『新しい航空管制の科学』園山耕司著　講談社　二〇一五年
『航空管制官はこんな仕事をしている』園山耕司著　交通新聞社　二〇一四年
『飛行機はどこを飛ぶ？　航空路・空港の不思議と謎』造事務所編　秋本俊二監修　実業之日本社　二〇一五年
『航空管制のはなし』中野秀夫著　成山堂書店　二〇一四年
『航空図のはなし』太田弘編著　成山堂書店　二〇〇九年
『航空管制五十年史』航空管制五十年史編纂委員会編　航空交通管制協会　二〇〇三年
『東京航空交通管制部30年史』東京航空交通管制部30周年記念事業実行委員会編・発行　一九八九年
「航空交通管理センターの概要」木村章著（『航空無線』二〇〇五年冬期号　財団法人航空保安無線システム協会）
「航空交通管理の空域管理」藤本博茂著（『航空無線』二〇〇五年冬期号　財団法人航空保安無線システム協会）
『空いっぱいの危険』全運輸省労働組合著　朝日新聞社　一九八三年
『点滅する空の赤信号』全運輸省労働組合航空部門委員会編　合同出版　一九八八年

『安全な翼を求めて』山口宏弥著　新日本出版社　二〇一六年
『明解　航空法解説』土屋正興著　鳳文書林出版販売　一九八六年
『航空法』池内宏著　成山堂書店　二〇一六年
「二〇一七年の要請書」航空安全推進連絡会議　二〇一七年
『板倉滑空場オペレーションハンドブック』公益社団法人　日本グライダークラブ作成・発行　二〇一七年
『米軍機ハンドブック２０００』松崎豊一編著　原書房　一九九九年
「ＣＶ－22の横田飛行場配備に関する環境レビュー」米空軍特殊作戦コマンド作成　防衛省発行　二〇一五年
「世界に平和を・戦争の基地はいらない・横田基地ミニ情報」羽村平和委員会編・発行　二〇一六年～一八年
「傍若無人な米軍機低空飛行をやめさせ、異常な『米軍特権』の撤廃を」塩川鉄也著（『前衛』二〇一四年九月号　日本共産党中央委員会）
「低空飛行即時中止を求める運動」相川晴雄著（『平和運動』一九九六年五月号　日本平和委員会）
「もうひとつの戦闘空域」阿久沢咏著（『前衛』一九九八年一月号　日本共産党中央委員会）
「米軍機、群馬県低空飛行訓練」石川巌著（『軍事研究』一九九五年一一月号　ジャパン・ミリタリー・レビュー）
「群馬上空の米軍機爆音被害」大川正治・原澤良輝著（『平和運動』二〇一二年一二月号　日本平和委員会）
「米・ＮＡＴＯ軍の低空飛行訓練」鈴木滋著（『調査と情報』第二八三号　一九九六年四月　国立国会図書館）
「日本の空と米軍の欠陥機」布施祐仁著（『世界』二〇一二年九月号　岩波書店）
『在日米軍基地の収支決算』前田哲男著　ちくま新書　二〇〇〇年

『日本全国が低空飛行訓練基地に』リムピース編・発行　一九九八年
『静かで安全な空をとりもどそう』米軍の低空飛行の即時中止を求める県北連絡会編・発行　二〇〇〇年
『検証［地位協定］日米不平等の源流』琉球新報社・地位協定取材班著　高文研　二〇〇四年
「米軍機低空飛行を検証する」石川巌著（『世界』一九九八年五月号　岩波書店）
「日本の空は誰のものか」松竹伸幸著（『前衛』一九九五年一一月号　日本共産党中央委員会）
「〝植民地型〟が増幅させる米軍機低空飛行の危険」松竹伸幸著（『前衛』一九九八年八月号　日本共産党中央委員会）
「米軍機の低空飛行の即時中止をもとめる」志位和夫著（『前衛』一九九九年一〇月号　日本共産党中央委員会）
「米軍機の低空飛行訓練について」中尾元重著（『岡山の記憶』第一五号　二〇一三年　岡山・十五年戦争資料センター）
「あいつぐ米軍自撮り・低空飛行画像」大野智久著（『前衛』二〇一八年九月号　日本共産党中央委員会）
『オスプレイ配備の危険性』真喜志好一・リムピース・非核市民宣言運動・ヨコスカ著　七つ森書館　二〇一二年
『オスプレイとは何か　40問40答』石川巌・大久保康裕・松竹伸幸著　かもがわ出版　二〇一二年
『改訂版　オスプレイと日米安保』安保破棄中央実行委員会編・発行　二〇一七年
「資料・オスプレイ問題の追及のために」オスプレイ作業委員会編・発行　二〇一四年
「オスプレイは安全になったのか」石川巌著（『世界』二〇一五年一二月号　岩波書店）
「実戦化するオスプレイ」石川巌著（『世界』二〇一六年八月号　岩波書店）
「全国を席巻するオスプレイ」石川巌著（『世界』二〇一七年四月号　岩波書店）
「CV−22オスプレイを横田基地に配備するな！」高橋美枝子著（『前衛』二〇一八年七月号　日本共産党中

央委員会）
「パラシュート訓練、オスプレイの飛来相次ぐ米軍横田基地から」高橋美枝子著（『議会と自治体』二〇一八年三月号　日本共産党中央委員会）
「パラシュート訓練など急変貌する横田基地」高橋美枝子著（『前衛』二〇一三年八月号　日本共産党中央委員会）
「日米同盟の深化・拡大と横田基地（上・下）」近森拡充著（『平和運動』二〇一二年一一月号・一二月号　日本平和委員会）
「CV・オスプレイの横田配備計画の問題点」佐藤つよし著（『平和運動』二〇一五年六月号　日本平和委員会）
「CV22オスプレイ　横田基地配備の危機」竹下岳著（『平和運動』二〇一五年一二月号　日本平和委員会）
「危険度を増す横田基地の現状」小柴康男著（『建設労働のひろば』二〇一七年一月号　東京土建一般労働組合）
「米特殊作戦部隊とオスプレイ　─横田基地配備の真相」小柴康男著（『平和運動』二〇一八年一一月号　日本平和委員会）
「今日もあなたの頭上に!?オスプレイ日本全国飛行マップ」（『週刊女性自身』二〇一七年九月一九日号　光文社）
「オスプレイと日米地位協定　低空飛行訓練に『法的根拠』はあるのか」新倉裕史著（『月刊社会民主』二〇一三年二月号　社会民主党）
「日本全土をオスプレイの訓練場にしてよいか?」福田護著（『月刊社会民主』二〇一四年一〇月号　社会民主党）
「米軍のやりたい放題広がり日本の空域全体が無法状態に」半田滋著（『週刊金曜日』二〇一八年一〇月一二

日号　金曜日）
「横田――軍事拠点化する首都の米軍基地」半田滋著（『世界』二〇一八年一〇月号　岩波書店）
「航空機空中衝突防止のために」米空軍第374空輸航空団作成　二〇一三年
『危険がいっぱい！埼玉の空PART2』埼玉県平和委員会編・発行　二〇一五年
「『空のウォッチング』活動で埼玉の空の危険性を告発」埼玉県平和委員会著（『平和運動』二〇一七年八月号　日本平和委員会）
「オスプレイ飛行訓練下自治体アンケート」オスプレイと飛行訓練に反対する東日本連絡会　平和フォーラム・ホームページ　二〇一七年
『イラク戦争の出撃拠点』山根隆志・石川巌著　新日本出版社　二〇〇三年
「厚木基地の滑走路はイラクに通じている」吉田敏浩著（『世界』二〇〇六年二月号　岩波書店）
『在日米軍司令部』春原剛著　新潮文庫　二〇一一年
「他国地位協定調査中間報告書」沖縄県　二〇一八年
「ドイツ・イタリアのNATO軍（米軍）基地調査報告書」日本弁護士連合会人権擁護委員会・基地問題に関する調査研究特別部会　二〇一八年
「ドイツにおける外国軍隊の駐留に関する法制」松浦一夫著（『各国間地位協定の適用に関する比較論考察』内外出版　二〇〇三年）
「日米地位協定の運用と変容」櫻川明巧著（前掲書）
「米軍のイタリア駐留に関する協定の構造と特色」本間浩著（前掲書）
『主権なき平和国家』伊勢﨑賢治・布施祐仁著　集英社クリエイティブ　二〇一七年
「日米地位協定に関する意見書」日本弁護士連合会　二〇一四年
「日米地位協定の改定を求めて」日本弁護士連合会　二〇一四年

『安保体制と法』長谷川正安・宮内裕・渡辺洋三編　三一書房　一九六二年
『現代法入門』長谷川正安著　勁草書房　一九七五年
『日米安保体制と日本国憲法』渡辺洋三著　労働旬報社　一九九一年
『基地と人権』横浜弁護士会編　日本評論社　一九八九年
『軍隊と住民』榎本信行著　日本評論社　一九九三年
『検証・法治国家崩壊』吉田敏浩・新原昭治・末浪靖司著　創元社　二〇一四年

吉田敏浩（よしだ・としひろ）

1957年、大分県臼杵市生まれ。明治大学文学部卒業。ジャーナリスト。ビルマ（現ミャンマー）北部のカチン人など少数民族の自治権を求める戦いと生活と文化を長期取材。その様子を記録した『森の回廊』（NHK出版）で大宅壮一ノンフィクション賞を受賞。近年は戦争のできる国に変わるおそれのある日本の現状などを取材。『「日米合同委員会」の研究』（創元社）で日本ジャーナリスト会議賞（JCJ賞）を受賞。著書に『ルポ・戦争協力拒否』（岩波新書）、『反空爆の思想』（NHKブックス）、『密約　日米地位協定と米兵犯罪』、『沖縄　日本で最も戦場に近い場所』（ともに毎日新聞社）、『人を“資源”と呼んでいいのか』（現代書館）、『赤紙と徴兵』（彩流社）など多数。

横《よこ》田《た》空《くう》域《いき》

日米合同委員会《にちべいごうどういいんかい》でつくられた空《そら》の壁《かべ》

吉《よし》田《だ》敏浩《としひろ》

2019年 2 月 10 日　初版発行
2025年 5 月 20 日　7版発行

発行者　山下直久
発　行　株式会社KADOKAWA
〒102-8177　東京都千代田区富士見 2-13-3
電話　0570-002-301（ナビダイヤル）
装 丁 者　緒方修一（ラーフイン・ワークショップ）
ロゴデザイン　good design company
オビデザイン　Zapp!　白金正之
印 刷 所　株式会社KADOKAWA
製 本 所　株式会社KADOKAWA

角川新書

　ISBN978-4-04-082232-7 C0231